Ihr Hobby

Malawiseecichliden

Peter Bredell

bede bei Ulmer

Inhaltsverzeichnis

Bildquellen
Titelfoto: Rainer Stawikowski
Wie am jeweiligen Foto vermerkt: AquaPets Taiwan, Aquamagazine Japan, U. Buschhoff, Ad Konings, M.-P. und C. Piednoir, H.-J. Richter, G. Schmelzer, Dr. J. Schmidt, Y. Tavernier, alle anderen bede-Verlag.
Wir danken Aquapress: Marie-Paule und Christian Piednoir.
Fachliche Durchsicht: Andreas Butze, Heidenau, Dr. Jürgen Schmidt, Ruhmannsfelden, Alfred Ufermann, Oberhausen.

Bibliografische Information der Deutschen Nationalbibliothek
Die Deutsche Nationalbibliothek verzeichnet diese Publikation in der Deutschen Nationalbibliografie; detaillierte bibliografische Daten sind im Internet über http://dnb.d-nb.de abrufbar.

Wollgrasweg 41, 70599 Stuttgart (Hohenheim)
E-Mail: info@ulmer.de
Internet: www.ulmer.de
Umschlaggestaltung: Sojus Design, Kai Twelbeck, Stuttgart
Druck und Bindung: Westermann Druck, Zwickau
Printed in Germany

ISBN 978-3-8001-6753-1

Die Malawiseecichliden

Chilumba Bay, typische Landschaft am Malawisee. Foto: Ad Konings

Die Malawiseecichliden haben es geschafft, zur beliebtesten und bekanntesten Fischgruppe in der Süßwasseraquaristik zu werden. Wieso es ihnen gelang ist ganz einfach damit zu erklären, dass es sich um sehr farbenprächtige Aquarienfische handelt, die gut haltbar und zu pflegen sind und sehr interessante Verhaltensmuster an den Tag legen. Jeder Aquarianer kann sich also sehr schnell für diese herrlichen Fische begeistern. Die Schar der begeisterten Aquarianer wächst ständig weiter und somit stehen diese evolutionsmäßig hoch entwickelten Fische immer auf der Hitliste der Aquaristik.

Die Heimat dieser Cichliden ist der Malawisee, einer der großen Grabenseen Afrikas. Der Begriff See ist für seine Verhältnisse schon etwas untertrieben, denn es handelt sich hier schon mehr um ein kleines Meer. Wenn wir den Malawisee einmal mit dem Bodensee vergleichen, werden wir feststellen, dass er mit 600 km Länge etwa neunmal so lang ist wie der Bodensee. Beeindruckend ist aber auch, dass er an einigen Stellen bis zu 700 m tief ist. Der Malawisee ist die Heimat vieler Cichliden und ein erheblicher Teil von ihnen wurde noch gar nicht entdeckt. So können wir Aquarianer uns darüber freuen, immer wieder neue Malawiseecichlidenvarianten im Handel vorzufinden.

Der Malawisee ist also mehr ein Inlandmeer und entsprechend abwechslungsreich ist auch das Wetter, welches am See vorzufinden ist. Hier kann es zu heftigen Sturmböen kommen und Wellen von mehreren Metern Höhe sind absolut keine Seltenheit. Solch ein riesiger See wird selbstverständlich auch mit Schiffen befahren und er bietet den Bewohnern entlang seiner Küsten Nahrung und Broterwerb. Der Malawisee ist einer der klarsten Süßwasserseen der Welt und besitzt sehr viele Felsregionen, in welchen die so genannten Felscichliden leben. Doch auch in den riesigen Sandregionen haben sich die Cichliden breit gemacht und ihre Lebensgewohnheiten an die Umgebung angepasst. Besonders in den felsigen Abschnitten des Malawisees leben die für die Aquaristik interessanteren Cichliden. Dort besiedeln sie hauptsächlich die Flachwasserzonen bis zu einer Tiefe von etwa 8 bis 10 m. In diesen Felsregionen leben sehr viele verschiedene Arten miteinan-

Diese Aufnahme verdeutlicht gut die Größe des Malawisees. Blick auf Chia Logoon. Foto: Ad Konings

der zusammen und man kann hier von dicht besiedelten Abschnitten sprechen. Es ist also deshalb durchaus möglich, mehrere Malawiseecichliden in einem Aquarium zusammenzuhalten. Selbstverständlich benötigen diese lebhaften und größeren Aquarienfische auch ein entsprechend großes Aquarium. Mit einem 80 cm-Aquarium sollten Sie nicht beginnen, wenn Sie sich um Malawiseecichliden bemühen wollen. Eine so dichte Besiedlung in der Natur wird natürlich nur möglich, wenn ein reichhaltiges Nahrungsangebot vorhanden ist. Die Fische haben sich auf spezielle Nahrung eingestellt und spezialisiert. Die Felsen veralgen sehr stark und in diesem Algenaufwuchs leben unzählige Kleintiere, die neben den Algen ebenfalls Hauptbestandteil der Nahrung sind. Hier finden die Cichliden zum Beispiel in dem Algenrasen verschiedene kleine Krebschen und Mückenlarven. In den felsigen Gebieten

In diesem Aquarium wurde die Unterwasserlandschaft des Malawisees gut nachvollzogen.

unter Wasser haben die Malawiseecichliden ideale Rückzugsräume gefunden. So können sie bei Gefahr blitzschnell in einer Felsspalte oder Höhle verschwinden. Diesem Verhalten muss der Aquarianer auch im Aquarium Rechnung tragen und bei der Einrichtung entsprechend viele Höhlen und Felsspalten anbieten.

Während sich die zwischen den Felsen lebenden Cichliden bei Gefahr in Höhlen zurückziehen können, müssen sich die im küstennahen Sandlitoral lebenden Cichliden in erster Linie durch wilde Flucht vor Fressfeinden schützen. Die Jungfische haben jedoch die Möglichkeit, sich im Sandlitoral in den teilweise dichten Pflanzenbeständen der Uferzonen zu verstecken.

Im jahreszeitlichen Klimarhythmus wechselt der See oft sein Aussehen. Im Juni beginnt zum Beispiel die stürmische Jahreszeit, die bis Mitte August dauert; dann bläst ein kräftiger Wind aus Südosten und die Lufttemperatur über dem See fällt teilweise drastisch bis auf

Durch eine großzügige Einrichtung mit Steinen entstehen zahlreiche Versteckmöglichkeiten. Foto: AquaPets Taiwan

15 °C ab. Für die Fische spielt dies jedoch kaum eine Rolle, denn die Temperatur des Wassers bleibt relativ konstant. Lediglich in den Flachwassergebieten kann die Wassertemperatur bis auf 20 °C absinken. Ist diese stürmische und kalte Saison vorüber, dann beginnt bis Ende November eine wärmere Zeit, in der sich das Wasser in den Flachwasserzonen wieder erwärmt.

Interessanterweise ist der Temperaturunterschied zwischen der Wasseroberfläche und den tieferen Wasserschichten nur sehr gering. Zwar sind die tieferen Wasserschichten gewöhnlich um einige Grade kälter, doch kühlt das Oberflächenwasser niemals so stark ab, dass es kälter wäre als in den untersten Schichten des Malawisees. Auch wird das Oberflächenwasser immer so stark durch kräftige Winde bewegt, dass ein ständiger Austausch zwischen tieferen und oberen Wasserschichten stattfinden kann.

Die Steine der Einrichtung dürfen keinesfalls scharfkantig sein, um Verletzungen zu vermeiden.

Für Aquarianer ist es wichtig zu wissen, dass die chemische Zusammensetzung des Wassers im Malawisee eine andere ist als die der üblichen Süßwassergebiete Südamerikas oder Asiens, wo ebenfalls sehr viele Aquarienfische ursprünglich heimisch sind. Der pH-Wert des Malawisees schwankt grob zwischen 7,8 und 8,5, was für aquaristische Zwecke durchaus ein hoher Wert ist. Dennoch ist es für die Aquarienhaltung unabdingbar, diese pH-Werte einzuhalten. Ihre Malawiseecichliden werden sich nur in einem Wasser mit einem pH-Wert um 8,0 wohl fühlen und zur Zucht schreiten. Aquarianer, die weicheres Ausgangswasser zur Verfügung haben, müssen ihr Aquarienwasser unbedingt aufhärten. Aus diesem Grund empfiehlt sich immer eine Einrichtung mit Kalk enhaltenden Steinen, die durch Lösung im Wasser bereits eine Mindestversorgung mit gelöstem Kalk garantieren.

Tipp

Verwenden Sie zum Einrichten und zur Dekoration möglichst glatte und runde Steine, damit die Fische den Algenbewuchs später abweiden können, was ihrem natürlichen Fressverhalten im Lebensraum des Malawisees am meisten entspricht.

Dieser junge *Tropheops tropheops* demonstriert das Abweiden eines veralgten Steins. Foto: Dr. J. Schmidt

Kalkhaltiges Lochgestein eignet sich ebenfalls sehr gut für Einrichtungszwecke, zumal es einige Härtebildner an das Wasser abgibt.

Bevor Sie sich Malawiseecichliden anschaffen, müssen Sie sich über den enormen Raumbedarf dieser Fische im Klaren sein. Im Aquarium erreichen viele Malawiseecichliden beachtliche Körpergrößen, welche die natürliche Größe im See weit übertreffen. Dies liegt an der guten Pflege und dem vielen Futter, das unsere Cichliden im Aquarium erhalten. In der Natur ist der Kampf um die Nahrung doch wesentlich schwieriger. Deshalb bleiben die Cichliden dort deutlich kleiner.

Geben Sie also deshalb bei der Cichlidenpflege einem möglichst großen Aquarium den Vorzug. Die Mindestgröße für ein Malawisee-Gesellschaftsaquarium muss bei 120 cm Länge, 50 cm Tiefe und 50 cm Höhe liegen. Allerdings ist dies wirklich schon das kleinste Aquarium, welches Sie auswählen sollten. In jedem Fall wäre es besser, ein Aquarium von 150 cm oder 200 cm Länge und 60 cm Tiefe und einer Höhe von ebenfalls 60 cm auszuwählen. Dies ist schon ein ganz beachtliches Aquarium und hier macht die Pflege von Malawiseecichliden wirklich Spaß. Ein solches Aquarium, welches eine entsprechende Tiefe und Höhe aufweist, kann auch großzügig eingerichtet werden. Gerade bei der Hälterung dieser Cichliden ist es wichtig, ausreichend Versteckplätze in Steinaufbauten anzubieten und diese Steinaufbauten benötigen entsprechend viel Platz. Die Voraussetzung, dass sich Cichliden in ihrem Aquarium auch wohl fühlen, ist die räumliche Abgrenzung von Revieren, die durch Einrichtungsgegenstände wie Steine, Pflanzen oder sonstige Gegenstände vorgenommen wird. Haben Sie jedoch nicht ausreichend Platz zur Verfügung, um ein wirklich großes Aquarium aufzustellen, dann müssen Sie sich eben bei der Auswahl ihrer Cichliden beschränken. Je kleiner das Aquarium ist, desto kleiner wird auch die Auswahl an Fischen, die hier beisammen leben können. Wenn Sie sich einmal vorstellen, dass selbst der kleinste Mbuna (das ist der Name, den die Einheimischen den Felscichliden gegeben haben) unter Aquarienbedingungen etwa 10 cm lang wird und ein Revier verteidigen will,

welches mindestens dreimal so lang wie seine eigene Körperlänge ist, dann dürfte klar sein, dass ein Aquarium für Malawiseecichliden einfach nicht groß genug sein kann.

Der Standort des Aquariums

Aquarien sollen niemals so aufgestellt werden, dass die Sonne direkt in das Aquarium hinein scheint, denn sonst veralgt es sehr schnell. Suchen Sie also einen Standort in der Wohnung, der vor direkter Sonneneinstrahlung geschützt ist. Normalerweise ist bei der Aufstellung eines Aquariums mit 150 cm Länge und je 50 cm Höhe und Tiefe kein Problem wegen der Stabilität des Fußbodens oder der Decke zu erwarten. Natürlich hat ein solches Aquarium schnell ein Gesamtgewicht von 500 kg und mehr, doch ist diese Belastung für ein normal gebautes Haus nicht zu groß. Werden jedoch größere Spezialaquarien aufgestellt, dann muss es durchaus geklärt werden, ob die Tragfähigkeit des Bodens ausreichend ist. Ein solches Aquarium steht vielleicht auch besser im Erdgeschoss oder in einem Raum mit einem stabilen Betonboden.

Da Aquarienbewohner meist etwas sensibler sind, weil ihnen nur wenig Rückzugsgebiete im Aquarium verbleiben, sollte das Aquarium so aufgestellt werden, dass es auch an einem ruhigen Platz steht. Fische sind nicht menschenscheu und gewöhnen sich an ihre Pfleger, ja sie erwarten sogar, dass der Pfleger an das Aquarium herantritt, um sie zu füttern. Plötzliche Bewegungen vor einem Aquarium können dennoch dazu führen, dass sich die Fische erschrecken und panikartig verstecken. In jedem Fall sollten die Rück- und Seitenwände eines Aquariums verkleidet werden. Diese Verkleidung kann zum Beispiel durch farbige Kunststofffolien oder durch ein einfaches Anstreichen des Aquariums von außen

Der farbige Hintergrund bietet den Fischen Schutz, so dass sie im Aquarium ihr natürliches Verhalten zeigen können.

Durch schwere Steine und Bodengrund erhält das Aquarium ein hohes Gesamtgewicht, welches zu berücksichtigen ist.

geschehen. Die Farbe, die hierbei verwendet wird, sollte zum Einen dem Geschmack des Aquarianers, zum anderen aber auch den Bedürfnissen der Fische entsprechen. Wählen Sie keine zu helle, aber auch keine zu dunkle Farbe. Ein mittleres Grün oder ein kräftiges Blau sowie rotbraune Töne haben sich bestens bewährt. Zu dunkle Hintergründe schlucken sehr viel Licht und schnell werden Sie feststellen, dass zum Beispiel eine schwarze Hintergrundfarbe auf Fotos zwar gut aussieht, sich in der Praxis aber kaum bewährt.

Aquarien sollten auch isoliert werden. Dafür bieten sich Schaumstoffplatten, zum Beispiel aus Styropor bestens an. Diese Schaumstoffplatten können mit Dispersionsfarben gestrichen werden und bilden somit gleichzeitig einen idealen farblichen Hintergrund. So werden zwei Fliegen mit einer Klappe geschlagen, das Aquarium wird nämlich isoliert und hat gleichzeitig eine farbig gestaltete Rückwand.

Bei der Aufstellung eines Aquariums ist sorgfältig zu verfahren, denn ein Aquarium sollte völlig eben auf dem Untergrund stehen, damit sich keine Spannungen im Glas bilden können. Bodenunebenheiten führen zu Verspannungen, die im Laufe der Zeit dazu führen können, dass das Glas doch einen Sprung bekommt und dann ist schon Ärger vorprogrammiert. Verwenden Sie in jedem Fall eine Dämmplatte unter einem Aquarium. Eine solche Dämmplatte kann aus Schaumstoff oder Styropor bestehen, gut geeignet sind aber auch Isoliermatten für Heizkörper. Diese Dämmplatte gleicht kleine Unebenheiten aus und verhindert, dass später bei der Befül-

lung mit Wasser eine größere Spannung entsteht. Muss ein Unterbau unter ein Aquarium gestellt werden, so ist dieser so zu konzipieren, dass er das enorme Gewicht des Aquariums problemlos tragen kann. Aquarien werden meist in einer Höhe von 60 bis 80 cm über dem Erdboden aufgestellt. Als Unterbauten eignen sich stabile Schränke oder Stahlrohrgestelle. Für die gängigen Aquariengrößen gibt es eine Vielzahl verschiedener und zur Einrichtung passender Unterschränke im Fachhandel. Für Aquarien mit Sondergrößen muss sich der Aquarianer solche Unterbauten anfertigen lassen. Eine Möglichkeit, ein größeres Aquarium aufzustellen, ist auch die Verwendung von Kalksand oder Gasbetonsteinen, die sich in beliebige Maße zersägen lassen und bei entsprechender Verkleidung eine stabile und schöne Unterbaukonstruktion darstellen können. Der Vorteil eines Unterschranks liegt darin, dass in diesem Schrank gleich eine Filterung untergebracht werden kann und sich auch die vielen Kleinteile, die über den Tag benötigt werden, gut und schnell greifbar verstecken lassen.

Aquarien für Malawiseecichliden müssen auch abgedeckt werden und deshalb sind vier bis fünf Millimeter dicke Glasscheiben oder durchsichtige Kunststoffplatten, die einen Gewichtsvorteil haben, sehr wichtig. Zum Einen verhindern diese Abdeckscheiben, dass Fische aus dem Aquarium springen und zum Anderen sparen Sie eine ganze Menge Energie ein, da aufgrund der höheren Wassertemperatur im Aquarium viel Wasser verdunstet.

Der Aquarienkauf

Die modernen und heute üblichen Aquarien sind Vollglasaquarien. Dies bedeutet, dass diese Aquarien keinen Metallrahmen mehr besitzen, sondern die Scheiben mit Hilfe von Silikon direkt aneinander geklebt werden. Diese Aquarien haben den Vorteil, dass sie eine bessere Rundumsicht erlauben und einfach schöner sind. Natürlich sind solche Aquarien, die in Großserie hergestellt werden, auch erheblich preiswerter als aufwendige Gestellaquarien. Achten Sie beim Kauf von Aquarien auf Qualitätsarbeit. Beachten Sie einmal die Silikonklebefläche, die lückenlos und blasenfrei geklebt sein muss. Aquarien in den Größen, wie wir sie für Malawiseecichliden benötigen, sollten einen Mittelsteg für eine zusätzliche Stabilität besitzen. Über die Glasqualität informiert Sie Ihr Fachhändler. Es ist besser, wenn Sie Kristallspiegelglasaquarien kaufen, denn diese zeigen keine unschönen Verzerrungen beim Betrachten. Über die Stärke und Stabilität des Aquariums müssen Sie sich keine großen Gedanken machen, wenn Sie dieses im Zoohandel erwerben. Die Hersteller wissen genau, welche Glasstärken sie verwenden müssen, damit dieses Aquarium sicher ist.

Wenn Ihnen alternativ Aquarien der gleichen Größe in verschiedenen Glasstärken angeboten werden, dann kaufen Sie immer das mit der stärkeren Glasausführung, denn dann haben Sie einfach die größere Sicherheit. Natürlich ist ein solches Aquarium entsprechend teurer, aber diese Anschaffung lohnt sich sicher.

Die Beleuchtung des Aquariums

Lebende Pflanzen werden meist nur sparsam ins Malawiseeaquarium eingesetzt und deshalb ist, was die Beleuchtung angeht, nicht allzu viel Rücksicht auf die Pflanzen zu nehmen. Selbstverständlich benötigen Cichliden eine Beleuchtung im Aquarium, damit ihre Farben gut zur Geltung kommen. Allerdings sorgt ein zu helles Licht eher für Unbehagen unter den Pfleglingen. In der Regel werden deshalb nur zwei bis drei Leuchtstoffröhren für ein großes Aquarium eingesetzt. Die Auswahl der Lichtfarbe ist hierbei vor allem vom Geschmack des Aquarianers abhängig. Um die Farbtöne der Buntbarsche nicht zu verfälschen, ist jedoch eine Tageslichtleuchte vorzuziehen. Ihr Licht ist hell, weiß und lässt die Farben des Aquariums natürlicher wirken. Keinesfalls darf das Licht Tag und Nacht leuchten. Mit Hilfe einer Zeitschaltuhr kann die tägliche Beleuchtung auf zwölf bis maximal vierzehn Stunden eingestellt werden.

Die Beheizung des Aquariums

Die ideale Wassertemperatur für unsere Malawiseecichliden liegt zwischen 24 und 27 °C. Am besten haben sich in der Aquaristik die Regelheizer bewährt. Diese Stabheizer mit einer Temperaturregelung können sehr einfach im Aquarium oder in einem Zentralfilter untergebracht werden. Mit Hilfe eines Einstellrads kann die gewünschte Temperatur direkt eingestellt werden. Bei der Auswahl des Regelheizers sollten Sie darauf achten, dass Sie ein Markengerät erwerben, welches den Sicher-

Über großen Schauaquarien können Leuchtstoffröhren (Bild) eventuell auch mit einer modernen HQI-Beleuchtung kombiniert werden. Foto: bede-Verlag

heitsvorschriften entspricht. Um ein Aquarium in einem Wohnraum mit normaler Zimmertemperatur zu beheizen, genügt es, wenn pro Watt Heizleistung des Regelheizers etwa 2,5 bis 3 l Wasser gegenübergestellt werden. Dies würde bedeuten, dass ein Aquarium mit 500 l Wasserinhalt einen Heizstab von etwa 200 W benötigt. Bei größeren Aquarien- oder Zuchtanlagen mit einem Zentralfilter, in welchem der Heizstab hängt, empfiehlt es sich, statt einem Heizstab mit hoher Leistung lieber zwei Heizstäbe einzusetzen, denn dann kann beim Ausfall eines Geräts das andere noch einem Totalausfall vorbeugen und Schäden beim Fischbesatz verhindern. Die Temperatur ihres Aquarienwassers müssen Sie mit Hilfe eines Thermometers immer leicht überwachen können.

Die Filterung

Das Angebot an leitstungsfähigen Filtern in der Aquaristik ist schon fast unüberschaubar geworden. Jeder Hersteller bietet verschiedene Filtersysteme an. Deshalb ist es anfangs für manchen Neuling schwierig, sich in diesem riesigen Angebot zurechtzufinden. Natürlich ist die Filterung des Aquariums das Kernstück der Technik, denn gerade die Malawiseecichliden sind fast meeresähnliche Strömungen gewöhnt und benötigen eine kräftige Filterung. Neben dem regelmäßigen Teilwasserwechsel ist die Filterung die einzige Möglichkeit, dem Wasser Schadstoffe zu entziehen und es gleichzeitig mit Sauerstoff anzureichern. Auch sorgt die Filterung dabei für die entsprechende Wasserbewegung in den Aquarien. Eine kräftige Strömung sorgt für Vitalität und Abwehrkräfte im Aquarium. Diese starke Strömung fördert auch das Wachstum der Fische. Gerade für Malawiseecichliden ist eine solche Strömung im Aquarium wichtig. Es empfiehlt sich deshalb für größere Aquarien zusätzlich einen Schnellfilter einzusetzen. Diese Schnellfilter bestehen aus einem strömungsstarken Pumpenkopf für die Umwälzung; diese Tauchkreiselpumpen sind meist in Verbindung mit einem Filtertopf oder einer Filterpatrone ausgestattet. So wird über diesen Schnellfilter eine Grobreinigung des Wassers und eine starke Bewegung vorgenommen. Zusätzlich zu dieser Schnellfilterung mit starker Wasserbewegung kann ein weiteres Filtersystem eingebaut werden.

Tipp

Da viele Malawiseecichliden von Natur aus Strömungen lieben, ist es empfehlenswert, auch im Aquarium eine zusätzliche Schnellfilterpumpe einzusetzen, damit für eine ausreichende Strömung und Belüftung des Wassers gesorgt ist.

Rieselfilter

Bei Meerwasseraquarianern sind Rieselfilter schon viele Jahre im Einsatz und sie werden in allen Größen und Varianten angeboten. Auch in der Süßwasseraquaristik beginnen sich Rieselfilter mehr und mehr zu bewähren. Allerdings käme der hohe pH-Wert der Malawiseeaquarien dem Einsatz eines Rieselfilters

Aquarienpumpen, wie sie auch in Riesel- oder Biofiltern verwendet werden. Foto: M.-P. & C. Piednoir

entgegen. Rieselfilter sind Filter, bei welchen das zu reinigende Aquarienwasser mit Hilfe einer Pumpe über ein Filtersubstrat geleitet wird. Bei dieser langsamen Filterung können Schadstoffe auf dem Substrat abgebaut werden. Das über die Filtermasse rieselnde Wasser sammelt sich in einem Auffangbecken und wird von dort mit Hilfe einer Pumpe in das Aquarium zurückgeführt. Beim echten Rieselfilter befindet sich also das Filtermaterial nicht im Wasser, sondern locker aufgeschichtet in einer wasserfreien Kammer. Bei diesem Filtersystem werden die Kleinlebewesen in der Filtermasse reichlich mit Sauerstoff versorgt und können dadurch eine hohe Abbauleistung erreichen. Natürlich muss das Wasser, welches aus dem Aquarium gepumpt wird, vorgereinigt werden, damit grobe Schmutzpartikel nicht in diesen Filterkreislauf gelangen. Zu berücksichtigen ist auch, dass offene Rieselfiltersysteme eine erhebliche Menge an Wasser verdunsten lassen und dies kann unter Umständen ein Problem werden.

Anblick von oben auf ein Biofilterbecken, welches mit verschiedenen Filtermaterialien bestückt ist.

Biofilter

Ein anderes Filtersystem, welches seit vielen Jahren von Aquarianern favorisiert wird, ist der Aufbau eines Mehrkammerfilters, in dem das zu reinigende Was-

Biofilter mit mehreren Filterkammern sind bei Aquarianern sehr beliebt und können auch bei großen Aquarien als zusätzliche Langzeitfilter eingesetzt werden.

ser durch mehrere Kammern mit verschiedenen Filtermaterialien geleitet wird. Dieser Biofilter könnte seitlich ins Aquarium eingeklebt, besser neben oder unter dem Aquarium aufgestellt werden. In diesem Mehrkammerfilter befindet sich in der ersten Kammer meist nur etwas Filterwatte oder feinporiger Schaumstoff als Vorfiltermaterial, welches regelmäßig ausgewaschen wird. Hier setzt sich auch der grobe Schmutz am Boden ab. In der zweiten und dritten Filterkammer befinden sich dann Dauer-Filtermaterialien wie Keramikröhrchen, Kunststoffkörper oder grobporige Filterschaumplatten. In diesen Kammern wird das Wasser gereinigt und geklärt. In der letzten Kammer wird das gereinigte Wasser mit Hilfe einer Pumpe wieder in das Aquarium zurückgeführt. Vorteile dieser Biofilter sind die Schaffung klaren Wassers und eine schnelle Handhabung mit einem guten Zugriff auf das Filtermaterial. Sind diese Filter entsprechend groß ausgelegt, so haben sie lange Standzeiten und können über viele Monate oder sogar Jahre ohne aufwändige Wartung betrieben werden.

Luftbetriebene Topffilter

Für Malawiseecichlidenaquarien sind mit Luft betriebene Topffilter sehr gut einsetzbar, denn sie reichern das Aquarienwasser zusätzlich mit Sauerstoff an. Es handelt sich hierbei um Filtertöpfe mit Plastikröhren, deren Kern mit Filterwatte umwickelt ist. Zum Antrieb der Filter wird eine Durchlüfterpumpe benötigt, die in das Innere der Röhre Luft drückt, welche das Wasser mitreißt und in das Aquarium pumpt. Da alle diese Röhren hohl und am Boden mit einem

Sieb versehen sind, könnte dieser Hohlraum noch zusätzlich mit grobem Filtermaterial aufgefüllt werden. So erhöht sich die Filteroberfläche nochmals. Das einfache Prinzip dieser Filterung beruht darauf, dass das Wasser durch die Röhren gezogen wird und sich die Bakterien in diesen Röhren ansiedeln, um die Schadstoffe aus dem Wasser aufzuarbeiten.

Motortopffilter, welche als Schnellfilter verwendet werden können. Durch Trennkupplungen lässt sich der Filtermassenwechsel schnell erledigen.

Motortopffilter

In allen Größen sind Motortopffilter für Aquarien erhältlich. Es handelt sich hierbei um Filtertöpfe, denen einfach eine Pumpe aufgesetzt wurde. In den Töpfen befinden sich die verschiedensten Filtermaterialien. Die Reinigung des Filters ist unproblematisch, denn die Schläuche sind mit einer Schnelltrennkupplung verbunden. Es sammelt sich in diesen Schnellfiltern logischerweise auch schnell viel Schmutz an, der regelmäßig durch Rückspülung oder Austausch der Vorfiltermassen zu entfernen ist.

Für alle Filter gilt das Gleiche: Sie sind ständig auf ihre Funktion zu überprüfen und Schlauchverbindungen müssen immer wieder auf festen Sitz kontrolliert werden, damit es nicht zu Pannen kommt, die letztendlich dazu führen können, dass ganze Aquarien auslaufen. Bauen Sie also hier entsprechende Sicherungen ein. Sparen Sie auch nicht am richtigen Filter und der entsprechenden Größe, denn je größer das Filtervolumen ausgelegt ist, desto besser ist die Versorgung des Aquariums und somit der Fische mit Sauerstoff. Auch eine längere Standzeit lohnt die Anschaffung eines größeren Filters. Zwei miteinander kombinierte Filtersysteme schaffen Unabhängigkeit und bieten zusätzliche Sicherheit bei der Pflege ihrer wertvollen Fische.

Neben runden Steinen ist relativ feiner Aquariensand ein weiterer wichtiger Einrichtungsbestandteil. Da die Fische gerne den Sand durchkauen, um Nahrung zu suchen, darf dieser nicht zu grob und scharfkantig sein.

Der richtige Bodengrund

Im Malawisee besteht der Bodengrund aus feinem Sand und Felsen. Es gibt nur wenige Wasser- und Uferpflanzen. Sand ist auch im Aquarium der bevorzugte Bodengrund. Sie können feinen Sand mit feinem Kies mischen, sollten jedoch keinesfalls zu groben Kies als Bodengrund verwenden. Gerade die Malawiseecichliden nehmen oft Sand mit der Nahrung auf und es wird vermutet, dass der oft in den Mägen von Buntbarschen gefundene Sand eine Aufgabe bei der Verdauung hat. Auch wird der Sand gerne nach Nahrung durchgekaut.

Der übliche, gut gereinigte Flusssand ist für ein Malawiseeaquarium am besten geeignet. Sand und feinen Kies bekommen Sie in verschiedenen Körnungen und Farbnuancen im Fachhandel. Beachten Sie dabei, dass weißer Korallensand für Malawiseecichliden nicht geeignet ist.

Tipp

Malawiseecichliden graben sehr gern. Dabei könnte es zum Einstürzen von Steinaufbauten kommen. Dies können Sie verhindern, indem Sie die Steindekoration mit Silikon zusammenkleben.

Jeder Bodengrund ist vor der Verwendung im Aquarium noch mehrmals sorgfältig mit klarem Wasser auszuspülen. Hierbei sollten einige Spülungen mit heißem Wasser erfolgen, um sicher zu gehen, dass unerwünschte Bakterien abgetötet werden. Füllen Sie dafür einfach einen Eimer halb voll mit Sand und spülen Sie dann kräftig durch. Der Sand muss selbstverständlich so lange gespült werden, bis das Spülwasser fast klar bleibt. Da viele Cichliden gerne graben und das Aquarium dabei umdekorieren, muss bei der Einbringung von Steinen unbedingt darauf geachtet werden, dass diese fest verankert sind. Größere Steine müssen auf Styroporplatten gelegt werden. Diese Styroporplatten werden mit Hilfe von Silikonkautschuk ins Aquarium geklebt. So wird vermieden, dass beim Einstürzen von Steinaufbauten die Bodenscheibe springt. Je größer die Steine sind, die in das Aquarium eingebracht werden, um so größer wirkt dieses auch. Viele kleine Steine führen dazu, dass die Wirkung der Größe des Aquariums verlorengeht. Inzwischen gibt es auch künstliche Felsen im Fachhandel, die den riesigen Vorteil haben, dass sie wesentlich leichter sind. Diese künstlichen Felsen sind nach einigen Tagen im Aquarium kaum noch von echten Steinen zu unterscheiden. Auch gibt es inzwischen fertig dekorierte Rückwände, die perfekt für Malawiseecichlidenaquarien geeignet sind.

Übrigens haben Wurzeln aller Art in Malawiseeaquarien nichts zu suchen, denn sie würden nur unerwünschte Farbstoffe und Substanzen an das Wasser abgeben. Beim Aufbau der Steine in einem Malawiseeaquarium kommt eine Aquarientiefe von 60 cm und mehr dem Aquarianer zu Hilfe. Denn je tiefer das Aquarium ist, desto leichter lassen sich schöne Steinaufbauten vornehmen.

Verwenden Sie bei der Steinauswahl ausschließlich Steine, die nicht scharfkantig sind. So genannte Lavasteine mit scharfen Kanten sind völlig ungeeignet für diese schnellen Schwimmer, die sich bei Revierkämpfen leicht verletzen können. Besonders an den Augen treten dann gefährliche Verletzungen auf. Beim Aufbau der Steine ist darauf zu achten, dass ausreichend Versteckplätze für kleine Cichliden angeboten werden können. Große, schnell schwimmende Cichliden benötigen aber auch ausreichend Schwimmraum im Vordergrund des Aquariums. So genannte Kalklochsteine sind für Malawiseeaquarien ideal,

Melanochromis auratus fühlt sich in diesem Steingewirr sehr wohl und zeigt auch seine Farbe.

denn sie besitzen nicht nur schöne und interessante Formen mit zahlreichen Löchern, sondern sie geben gleichzeitig etwas Kalk ans Wasser ab, was dazu beiträgt, dass der pH-Wert stabil bleibt.

Die Bepflanzung des Aquariums

In den natürlichen Biotopen des Malawisees kommen kaum Wasserpflanzen vor. Aquarianer wollen aber in ihren Aquarien aus verständlichen Gründen auch schöne Pflanzen pflegen. Diese lebenden Pflanzen geben einem solchen Cichlidenaquarium gleich ein anderes Aussehen. Pflanzen erfüllen auch wichtige Aufgaben im Aquarium und des-

unten: Die Einrichtung eines Aquariums ist immer Geschmacksache und anfangs werden solche weißen Steine den Betrachter etwas stören.

halb muss nicht unbedingt auf sie verzichtet werden. Sie können Schadstoffe abbauen und liefern gleichzeitig Sauerstoff. Der Hauptgrund für Pflanzen im Aquarium dürfte aber darin liegen, dass ein bepflanztes Aquarium einfach schöner aussieht. Pflanzen sind übrigens auch ideale Bekämpfer von Algen, denn sie entziehen durch ihr Wachstum dem Aquarienwasser ständig Nährstoffe, so dass sich die Algen weniger gut ausbreiten können.

Da Cichliden oft dazu neigen, Pflanzen auszureißen oder gar aufzufressen, müssen Sie für Ihr Cichlidenaquarium robuste Pflanzen auswählen.

In großen Aquarien mit sehr vielen Versteckplätzen können auch mehrere Fische der gleichen Art zusammen gehalten werden. Jedoch ist zu berücksichtigen, dass unterlegene Fische niemals ihre prächtigste Färbung zeigen können.

Bewährt haben sich in Malawiseecichlidenaquarien *Vallisneria*-Arten und die robusten *Cryptocoryne crispatula* var. *balansae* sowie *Anubias*-Arten. Aber auch *Ceratophyllum demersum* ist gut für diese Aquarien geeignet. *Anubias barteri* var. *nana* und *C. demersum* können mit Hilfe eines Gummis oder einer Angelschnur an den Steinen und an einen beliebigen Platz im Aquarium eingesetzt werden. Die Wurzeln beginnen sich dann am Untergrund festzuklammern und später kann das Gummi oder die Angelschnur wieder entfernt werden. *Ceratophyllum demersum* ist hier besonders einfach zu pflegen, denn es wächst ohne Wurzeln

Dass die Pflege von Aquarienpflanzen zusammen mit Malawiseecichliden möglich ist, zeigen diese beiden Aufnahmen. So sieht ein Aquarium gleich etwas interessanter und freundlicher aus.

und kann immer wieder zu neuen Bündeln zusammen gesteckt werden, um den Eindruck einer frischen Wasserpflanze zu vermitteln. Beachten Sie beim Einsetzen der Wasserpflanzen, dass die Wurzeln entsprechend geschützt werden. Wenn Sie mit Hilfe von Steinen die Wurzeln vor dem Ausreißen schützen, so wird es kaum Probleme mit den Fischen geben. Das Pflanzenwachstum können Sie unterstützen, indem Sie mindestens ein- oder besser zweimal wöchentlich pflanzliche Kost in Form von tiefgefrorenen Erbsen und Spinat anbieten. Das Fressen von Aquarienpflanzen ist jedoch in der Praxis das kleinere Problem. Ein Problem kann das Ausgraben der Pflanzen werden. Dem können Sie nur mit einer entsprechenden Befestigung der Pflanzen und mit einem Steinschutz entgegenwirken.

Das Aquarienwasser

Aquarienwasser ist nicht gleich Aquarienwasser. Dies werden Sie spätestens dann feststellen, wenn Sie Malawiseecichliden pflegen wollen. Diese Fische benötigen alkalisches Wasser. Was bedeutet nun alkalisches Wasser? Ausschlaggebend ist hierbei der pH-Wert des Wassers. Unter dem pH-Wert ist das Kräfteverhältnis der Säuren und Basen im Wasser zu verstehen. Ist dieses Verhältnis ausgewogen, also neutral, dann liegt der pH-Wert des Wassers im Neutralwertbereich von 7,0 auf der pH-Skala. Diese pH-Werteskala reicht von pH 0,0 bis 14,0. Überwiegen in einem Wasser die Säuren, so sinkt der pH-Wert unter den Neutralwert von 7 ab. Überwiegen dagegen die Basen (Laugen), so steigt der pH-Wert über 7 an und ist dann alkalisch. Die Schwarzwässer Südamerikas sind zum Beispiel meist sehr sauer und weisen pH-Werte zwischen 4 und 6 auf. Im Malawisee finden unsere Cichliden ein Wasser mit höherem pH-Wert, im Bereich zwischen 7,5 und 9,0 vor. Dies bedeutet, dass wir unseren Malawiseecichliden auch ein Aquarienwasser mit höherem pH-Wert anbieten müssen. Nur dann werden sich die Fische wirklich wohl fühlen. Ideal ist es deshalb, wenn Ihr Leitungswasser bereits einen höheren pH-Wert besitzt. Wasser mit höherem pH-Wert ist meist auch etwas härter und enthält zum Beispiel mehr gelösten Kalk. Doch dies ist nicht immer die Regel, denn auch ein Leitungswasser mit einem hohen pH-Wert kann arm an Bicarbonaten sein. Den Gehalt an Kalk im Wasser können

Mara Rocks am Malawisee. Foto: Ad Konings

Sie mit Hilfe von Testreagenzien aus dem Fachhandel einfach feststellen. Die Gesamthärte und Karbonathärte eines Wassers werden in Grad deutsche Gesamthärte, °dGH, und die Karbonathärte als °KH angegeben. Um sehr weiches Leitungswasser ohne größeren technischen Aufwand natürlich aufzuhärten, benutzen Aquarianer in der Regel Muschelbruch, der in entsprechender Menge in die Filteranlage gegeben wird. Malawiseecichliden brauchen solches carbonathartes Wasser, um sich wohl zu fühlen.

Tipp

Bei Ausgangswasser mit niedrigem pH-Wert muss das Aquarienwasser entsprechend aufgehärtet werden, damit auch der pH-Wert auf einen Idealwert um 8 ansteigt. Die Aufhärtung kann mit pH-Plus aus dem Zoohandel oder mit Kalk haltigem Filtermaterial erfolgen.

Sie müssen die Wasserqualität regelmäßig überwachen, denn nur bei einem pH-Wert von 7,5 bis 8,8 und einer Karbonathärte zwischen 5 und 10 °KH fühlen sich ihre Malawiseecichliden wirklich wohl. Bei einem regelmäßigen

Kalklochsteine bieten zahlreiche Versteckplätze, dürfen jedoch nicht zu scharfkantig sein. Ideal ist auch die Verwendung von runden Kieselsteinen, die jedoch wegen der Stabilität mit Silikon zusammen geklebt werden sollten.

Wasserwechsel muss das zum Wechseln verwendete Wasser, etwa die gleichen Werte wie das Aquarienwasser aufweisen, damit die Unterschiede für die Fische nicht zu krass sind. Idealerweise wird wöchentlich ein Drittel des Aquarienwassers ausgetauscht, denn solche Teilwasserwechsel sorgen dafür, dass Ihre Fische gesund bleiben und zur Zucht angeregt werden. Ein Schadstoffabbau wird durch regelmäßige Teilwasserwechsel beschleunigt. Zwar sind solche Teilwasserwechsel sehr arbeitsintensiv, aber im Gegenzug haben sie gesunde und aktive Fische.

Die Dekoration des Aquariums

Die meisten Cichliden des Malawisees leben in Geröll- oder Felsenzonen, was bei der Einrichtung ihres Aquariums berücksichtigt werden sollte. In diesen natürlichen Lebensräumen finden die Cichliden einen steinigen Untergrund vor. In der Geröllzone gibt es durch die teilweise sehr großen Steine zahlreiche Versteckmöglichkeiten für die Fische. Zwischen den Felsen und den Geröllbrocken befinden sich natürliche Spalten und kleine Höhlen, die gern als Wohnhöhlen benutzt werden.

In dieser für höhere Pflanzen feindlichen Geröll- und Felszone fehlen größere zusammenhängende Sandflächen und deshalb sind kaum Pflanzen anzutreffen. Die meist abgerundeten Steine sind jedoch mit einem grünlichen Algenrasen überzogen. Diese Algen bilden auch die Nahrungsgrundlage für die Aufwuchsfresser in diesen Biotopen. Durch diese enormen Futtermengen, die hier ständig vorhanden sind, ist eine

sehr dichte Besiedlung dieser Felszonen mit Fischen möglich.
Steine sind also die Hauptdekorationsmittel für ein Malawiseecichlidenaquarium. Am besten geeignet sind Steine ohne scharfe Kanten, damit sich die Aufwuchsfresser nicht am Maul verletzen können. Geeignet sind zudem so ziemlich alle Arten von Steinen, wobei Kalkgestein zu bevorzugen ist, denn es härtet zusätzlich das Wasser etwas auf. Sehr dekorativ ist Lochgestein, welches in herrlichen Formen im Zoohandel erhältlich ist. Beim Aufbau der Steine im Aquarium ist darauf zu achten, dass diese teilweise rohen Steinaufbauten, nicht instabil sind und Beschädigungen der Glasscheiben verursachen. Es ist auch zu berücksichtigen, dass Cichliden gerne graben und so ein unterhöhlter Stein schon einmal umstürzen kann. Unfälle mit Steinaufbauten kann man dadurch vermeiden, dass man die Steine mit farblosem Silikon zusammenklebt oder auf dem Glasboden befestigt. Optisch gesehen wirken einige große Steine wesentlich interessanter als viele kleine Steine. Wenn Sie also einen größeren Haufen von kleinen Steinen übereinander legen, dann werden Sie feststellen, dass dieses Aquarium nicht so dekorativ aussieht.
Wenn Sie hauptsächlich größere Buntbarsche in Ihrem Aquarium pflegen, so ist es für deren Pflege günstiger, ihnen keine Höhlen anzubieten, sondern offene Durchlässe. Kleine Fische benötigen dagegen kleine Höhlen als Zufluchtsorte. Alle Höhlen- und Versteckbrüter benötigen Höhlen, um sich im Aquarium wohl zu fühlen. Die Größe der Höhlen muss dem Fischbesatz entsprechend angepasst werden. Allerdings ist auch zu berücksichtigen, dass bei Aufwuchsfressern und Mbuna-Cichliden die Höhlen zu intensiven Revierkämpfen führen werden. Es wird nahezu immer so sein, dass der dominierende Fisch alle Höhlen beanspruchen und die anderen unterlegenen Fische aus diesen vertreiben wird. So kommt es zu dauernder Unruhe im Aquarium. Wenn Sie in einem solchen Aquarium keine Höhlen anbieten, dann können diese logischerweise auch nicht verteidigt werden und die Aggressivität der Fische untereinander wird im Regelfall stark nachlassen.
Dekorationshilfsmittel sind also ausschließlich Steine, wobei solche mit Metalleinschlüssen abzulehnen sind, da die Metallverbindungen möglicherweise schädlich für die Fische sein könnten.
Wurzeln, wie sie hauptsächlich in Aquarien mit südamerikanischen oder asiatischen Zierfischen als Dekorationshilfsmittel eingesetzt werden, sind für Malawiseeaquarien tabu. Im Malawisee gibt es kaum Wurzeln, deshalb haben sie dort keinen Einfluss auf die Wasserwerte. Wurzeln neigen auch dazu, Farbstoffe an das Wasser abzugeben und der Modergeruch von ungeeigneten Wurzeln ist ebenfalls nicht zu unterschätzen. Schon so manches Aquarium wurde durch ungeeignete, modernde Wurzeln verdorben.
Für die Nachbildung des natürlichen Biotops im Malawisee können auch künstliche Einrichtungsgegenstände verwendet werden. So gibt es inzwischen sehr

Der Algenbewuchs auf Steinen wird sowohl in der Natur als auch im Aquarium von den Aufwuchsfressern abgeweidet.

schön gestaltete Steinrückwände aus Kunststoffschaum, die von echten Steinen nicht mehr zu unterscheiden sind. Die Entwicklung ist hier teils rasant und deshalb empfiehlt es sich, sich bei seinem Zoohändler über den neuesten Stand der Dinge aufklären zu lassen. Der Vorteil einer künstlichen Rückwand oder von künstlichen Steinen, liegt eindeutig in ihrem geringen Gewicht.

Algenprobleme im Aquarium

Aquarianer kennen natürlich das Problem der Algenbildung. Es gibt kein eingerichtetes Aquarium, in welchem keine Algen vorkommen. Gerade bei neu eingerichteten Aquarien taucht sehr schnell ein Algenproblem auf, und wenn es nicht von Anfang an gelingt, dieses Problem in den Griff zu bekommen, so können die in Massen auftretenden Algen schon die Lust am Aquarium verderben. Gerade in einem Malawiseecichlidenaquarium taucht die Gefahr der übermäßigen Algenbildung auf, denn normalerweise sind solche Aquarien ja nicht übermäßig bepflanzt. Wasserpflanzen sind die größten natürlichen Feinde der Algen. Wenn Wasserpflanzen sehr gut und in großen Mengen gedeihen, dann können sich Algen kaum entwickeln, da ihnen die Nahrungsgrundlage entzogen wird. Stimmt das biologische Gleichgewicht des Aquariums nicht, und verschlechtert sich das Aquarienmilieu, so werden die Aquarienpflanzen mit Wachstumsstö-

Tipp

Der Wuchs von unerwünschten Algen kann durch eine großzügige Bepflanzung des Aquariums weitgehend verhindert werden, da Aquarienpflanzen den Algen die Nährstoffe entziehen.

rungen reagieren und dann können die meist wesentlich anspruchsloseren Algen stärker zu wachsen beginnen.
Ein neu eingerichtetes Aquarium sollte nicht gleich mit Fischen besetzt werden. Bei einem Süßwasseraquarium ist es günstig, wenn man nach dem Einrichten des Aquariums noch etwa zwei Wochen wartet, bis die ersten Fische eingesetzt werden. Um Algenwuchs in frisch eingerichteten Aquarien zu verhindern, werden gerne verschiedene Welsarten wie *Ancistrus* und *Hypostomus* eingesetzt. Sehr gut sind auch Siamesische Grünflossenbarben, *Crossocheilus siamensis*, als Algenvertilger geeignet, die sich durchaus gegen größere Malawisee-cichliden durchzusetzen vermögen. Die nachtaktiven Welse bekommen oft nur wenig vom regulären Futter ab und stürzen sich deshalb gern gierig auf alle im Aquarium vorhandenen Algen.
Da das Malawiseeaquarium in der Regel nur mit wenigen Pflanzen besetzt wird, kann es schon vorkommen, dass sich Algen breit machen. Bereits bei der Standortfrage müssen Sie berücksichtigen, dass durch einfallendes Sonnenlicht das Wachstum der Algen enorm gefördert wird. Durch eine gute Filterung und eine entprechende Sauerstoffanreicherung sowie regelmäßige Teilwasserwechsel,wird der ungewünschten Algenvermehrung automatisch vorgebeugt.
Es gibt zwar einige Algenvernichtungsmittel auf chemischer Basis, die auch im Aquarium eingesetzt werden können, jedoch muss eine solche Behandlung, die einen erheblichen Eingriff in den biologischen Haushalt des Aquariums darstellt, genau überlegt werden. Dies sollte nur die letzte Möglichkeit sein, um eine Algenplage zu bekämpfen. Suchen Sie zuerst nach den anderen Ursachen, die Auslöser für eine Algenplage sein können. Radikale Eingriffe in den Wasserhaushalt, um Algen zu bekämpfen, belasten auch immer die im Aquarium vorkommenden Fische.
Den Aquarianern sind Grünalgen bestens bekannt. Die Grünalgen gibt es in verschiedenen Arten, zum einen in so genannten Punktalgen, die sich auf älteren Blättern der Aquarienpflanzen bilden und dort festsetzen. Auch an den Scheiben bilden sich diese, bis etwa 3 mm großen Punktalgenhorste. Ebenfalls zu den Grünalgen zählen die Fadenalgen, welche als lange, hellgrüne Fäden frei im Wasser schwimmen. Sie umschlingen dabei die Wasserpflanzen und stören den optischen Eindruck. Grünalgen lassen sich durch einen größeren Wasserwechsel bekämpfen, denn dadurch wird der Nährstoffüberschuss im Aquarienwasser reduziert. Auch eine Einschränkung der Aquarienbeleuchtung bringt Erfolge.
Viel unangenehmer, weil unschöner, sind für die Aquarien die so genannten Pinselalgen, die zu den Rotalgen gehören. Die Fische fressen sie leider nicht

In diesem großen Hälterungsaquarium eines Exporteurs hat sich ein Algenrasen gebildet, der sicherlich auch von den Bewohnern abgeweidet wird.

und so entwickeln sie sich gern in Aquarien mit entsprechend starker Wasserbewegung, wozu ja auch unsere Malawiseecichlidenaquarien gehören. Da es sich hier um kleine Büschel von Algen handelt, die mechanisch nur sehr schwer zu entfernen sind, handelt es sich wirklich um lästige Algen. Sie setzen sich auf alle Dekorationsmaterialien und älteren Pflanzenblätter. Entfernen Sie von Anfang an sofort diese Pinselalgen, wenn Sie sie entdecken.

Als letzte Algenart seien noch die Blaualgen erwähnt, die eigentlich gar keine Algen sind, sondern näher mit den Bakterien verwandt sind. Sie überziehen gerne den Boden des Aquariums und Teile der Bepflanzung. Der blau-grüne Belag ist schmierig, lässt sich aber sehr leicht mit einem Schlauch absaugen. Auslöser einer Blaualgenplage ist meist die zu hohe organische Belastung des Wassers. Meist können hier zu hohe Nitratwerte im Wasser gemessen werden. Bei Nitratwerten über 100 mg/l beginnen Blaualgen bevorzugt zu wachsen. Da zu viel Nitrat im Wasser für die Fische sowieso ungünstig ist und sie im Wachstum hemmt, ist zumindest durch häufigere und umfangreiche Teilwasserwechsel von über 50 % der Nitratgehalt des Aquarienwassers abzusenken.

Ihr Aquarium war jetzt seit etwa zwei bis drei Wochen in Betrieb; die Wasserwerte sind optimal und die gesamte Technik funktioniert. Jetzt können Sie an den Einkauf Ihrer Malawiseecichliden denken. Wo bekommen Sie die besten Fische für Ihr Aquarium? Natürlich beim Fachhändler, da der sich auf den Verkauf von Aquarienfischen spezialisiert hat. Hier sollten Sie jetzt erste Kontakte knüpfen und sich schon etwas beraten lassen. Warten Sie aber mit dem Kauf noch etwas ab, denn Sie müssen sich darüber im Klaren sein, dass Sie zueinander passende Fische kaufen sollten. Auch die Frage Nachzuchten oder Wildfänge muss geklärt sein, denn Nachzuchten sind in der Regel stabiler und weniger anfällig gegen Krankheiten, da sie bereits an das heimische Wasser gewöhnt wurden. Ein weiterer Vorteil der Nachzucht ist ihr etwas günstigerer Preis und Sie können halbwüchsige Fische erwerben, die Sie sich selbst groß ziehen, was sicher viel Spaß macht.

Auch der mengenmäßige Besatz für das Aquarium ist zu berücksichtigen, denn meist wird anfangs der Fehler gemacht, dass im Verhältnis viel zu viel Fische in einem Aquarium zusammengepfercht

Beim Besatz dürfen nur miteinander harmonierende Fischarten ausgewählt werden. In überbesetzten Aquarien kommt es zu häufig zu Stresssituationen.

Mit solchen Netzen gehen die Einheimischen im Malawisee auf Fischfang.
Foto: Ad Konings

werden. Da Aquarien für Malawiseecichliden meist etwas größer sind, können Sie dennoch eine ganze Menge Fische zusammen halten. Rechnen Sie einmal pro Zentimeter an ausgewachsener Fischlänge, mindestens zwei Liter Wasserinhalt des Aquariums. Wenn Sie also ein Aquarium mit 540 l Wasserinhalt besitzen, dann können Sie darin etwa 270 cm ausgewachsene Fischlänge unterbringen. Wenn sie jetzt wissen, dass Ihre zukünftigen Fische später eine Durchschnittslänge von

10 cm erreichen werden, dann können Sie also etwa 27 Fische in dieses Aquarium einsetzen.
Bei der richtigen Auswahl der einzelnen Arten müssen Sie sich auf die Beratung vor Ort im Zoogeschäft verlassen. Da es nach dem Kauf von ausgewachsenen Cichliden immer wieder zu Machtkämpfen im neuen Aquarium kommen wird, ist es schon wichtig, sich Gedanken über eine richtige Zusammenstellung zu machen.

Wildfänge oder Nachzuchten kaufen?

Am Malawisee gibt es Exportstationen, von denen aus Wildfänge in alle Welt versandt werden. Der Fang von Aquarienfischen stellt ein gewisses Potential von Arbeitsplätzen am Malawisee dar und sorgt dafür, dass die einheimischen Fänger dort die Umwelt nicht zerstören. Ein Großteil der Fische, die im Malawisee leben, werden allerdings als Speisefische gefangen und wandern in den Kochtopf.
Anfängern ist zu empfehlen, sich möglichst mit Nachzuchten einzudecken und auf Wildfänge zu verzichten. Wildfänge sind immer etwas heikler in der Pflege, denn sie haben einen langen Transport sowie bereits eine aufwändige Hälterung hinter sich und sind deshalb sicherlich etwas anfälliger. Prinzipiell sind Wildfänge aber nicht anfälliger, sondern deren eigentlich stabileres Immunsystem – als bei Nachzuchten – wird durch die manchmal ungünstigen Aquarienbedingungen geschwächt. Inzwischen gibt es im Fachhandel zahlreiche herrliche Malawiseecichliden als Nachzuchten zu kaufen und von der Optik unterscheiden sie sich ja nicht von Wildfängen. Wildfänge sind dann angebracht, wenn es sich um Neueinführungen handelt, die als Nachzuchten noch nicht erhältlich sind. Außerdem sind diese Neuimporte auch entsprechend teurer.

Tipp

Kaufen Sie möglichst Nachzuchten für Ihr Aquarium, da diese in der Regel widerstandsfähiger und außerdem zu einem günstigeren Preis zu erhalten sind.

Durch die aufwändige Aquarienhaltung und erstklassige Futtersorten, die heute neben ausgefeilter Technik zur Hälterung von Fischen zur Verfügung stehen, ist es zweifelsfrei erwiesen, dass im Aquarium nachgezogene Fische meist schöner aussehen können als ihre Artgenossen in der Natur. In der Natur herrschen viel rauere Lebensbedingungen vor, und oft werden die im Aquarium gehaltenen kleineren Fischarten auch wesentlich größer als dies in der Natur der Fall wäre.
Die „Mutter-Kind-Beziehung“ ist bei den Nachzuchten genauso wie die Brutpflege der Wildfänge ausgeprägt und entsprechend intensiv. Dies ist auch nicht weiter verwunderlich, da die Brutpflegemotivation genetisch verankert ist und somit – auch bei einer künstlichen Aufzucht – weitervererbt wird. Um weiterhin eine gute Brutpflege bei den Aquariennachzuchten zu erhalten, ist eine entsprechende Auslese der Mütter durch den Aquarianer notwendig.

Linke Seite unten: Durch Zuchtauswahl gelingt es, interessante Farbformen wie diese *Aulonocara* spec. herauszuzüchten; Zucht: Udo Buschhoff

Aber zum Beispiel von *Aulonocara jacobfreibergi* gibt es auch im See Varianten mit Orangetönen.

Folgende Malawiseecichliden lassen sich gut in einem Aquarium zusammen vergesellschaften: *Copadichromis borleyi*, *Labidochromis* cf. *caeruleus*, *Aulonocara hansbaenschi* und *Iodotropheus sprengerae*.

Welche Fische passen zusammen?

Fehler beim Besatz eines Aquariums sind zu vermeiden, denn sonst kommt es unter den Cichliden zu Raufereien, die auch zu Todesfällen führen können. Sie müssen sich vor dem Kauf schon eine Art Einkaufsliste zusammenstellen, um Fehler zu vermeiden. Malawiseecichliden sind teilweise sehr aggressiv und ein Großteil der Aggressivität kann schon durch ein entsprechend großes und richtig eingerichtetes Aquarium unterbunden werden. Wenn Sie zum Beispiel eine bunte Schar Mbuna-Cichliden pflegen wollen, dann müssen Sie eine ausgefeilte Steinlandschaft mit zahlreichen Versteckplätzen in das Aquarium einbauen. Nur dort werden sich Mbuna wohl fühlen. Anders wäre es zum Beispiel mit einer Utaka-Cichlidengruppe, die viel Schwimmraum benötigt; deshalb müsste mindestens die Hälfte des Aquariums zum Schwimmen frei bleiben. Inzwischen gibt es viele Zoogeschäfte, die sich besonders auf Malawiseecichliden spezialisiert haben oder doch ein großes Angebot an Malawiseecichliden besitzen. Dort, wo viele solcher Fische angeboten werden, ist sicherlich auch eine gute Beratung über den Kauf möglich. Aquarien mit Malawiseecichliden sollten so besetzt werden, dass möglichst alle Bewohner des zukünftigen Gesellschaftsaquariums für diese Fischgruppe gemeinsam erworben werden. Es ist ungünstig, immer wieder Fische nachzukaufen und sie dem Stress auszusetzen, als Neuankömmlinge in ein Aquarium gebracht zu werden. Die Aggressivität gegenüber Neuankömmlingen ist teilweise sehr groß. Beim Kauf von halbwüchsigen Exemplaren werden viele Probleme von vornherein beseitigt, denn diese halbwüchsigen Fische wachsen langsam zu einer Aquariengemeinschaft zusammen.

Aulonocara spec. Iwanda, spec. Mamelela, *Aulonocara baenschi* spec. Orange, *Protomelas* spec. Taiwan Reef, *Pseudotropheus* spec. Albino und *Labeotropheus chilumba trewavasae.*

Sie sehen, dass durch einen geschickten Besatz des Aquariums für den Pfleger die Möglichkeit besteht, Aggressionen unter den Fischen zu vermeiden oder zu vermindern. Cichliden entwickeln immer eine gewisse Rangordnung und gerade bei den Malawiseecichliden ist diese Rangordnung zu finden. Es gibt eindeutig dominante Männchen, die dann ihr volles Farbkleid entwickeln und zeigen, während unterlegene Männchen sich ständig unscheinbar zeigen müssen, damit sie nicht auffallen und bedroht werden. Es ist im Aquarium aus Raumgründen leider nicht möglich, ein riesiges Gebiet – wie es in der Natur vorkommt – nachzubauen. Ein Aquarium muss ein Kompromiss bleiben und deshalb ist dies bei der Besetzung zu berücksichtigen. Von Malawiseecichliden werden auch immer mehr Weibchen als Männchen angeschafft und die meisten Zuchtgruppen bestehen aus einem Männchen und drei Weibchen einer Art. Wenn sie zum Beispiel zwei Männchen einer Art einsetzen, dann sollten Sie vielleicht vier bis sechs Weibchen dazusetzen.

Ausgewachsene Cichliden einer gleichen Art zusammenzusetzen – das bedeutet immer, dass es zu Machtkämpfen um das beste Revier kommen wird. Hierbei sind Verletzungen und sogar Tötungen die Regel und nicht die Ausnahme.

Welche Menge von Malawiseecichliden Sie in einem Aquarium zusammensetzen ist selbstverständlich von der Aquariengröße abhängig. Doch auch die Fortpflanzungsart dieser Cichliden spielt eine große Rolle bei ihrem Platzbedarf. Maulbrüter benötigen keine festen Reviere im Aquarium, da die Weibchen ja die Eier im Maul tragen und auch die späteren Jungen bei den Weibchen Schutz finden. Die Männchen gründen

Musterbeispiel für ein bepflanztes Aquarium mit ausreichend Versteckplätzen. Bei genügendem pflanzlichen Futterangebot werden sich die Cichliden nicht an den Aquarienpflanzen vergreifen.

allerdings meist Laichreviere. (Zum Vergleich: Höhlenbrüter oder Versteckbrüter dagegen, beispielsweise aus dem Tanganjikasee, legen ihre Eier in diese Höhlen und verstecken sie, und die Jungfische verbringen dann auch eine geraume Zeit in diesen Versteckplätzen. Ihr Platzanspruch ist entsprechend größer, denn die Höhlen der einzelnen Arten dürfen nicht zu dicht beieinander liegen. Oft bilden sich auch feste Pärchen heraus und dieses Paar, das sich zusammengefunden hat, bleibt beieinander, sucht sich ein Revier und verjagt alle

Artgenossen aus diesem Revier. Jetzt kann es für die anderen Fische im Aquarium schon etwas eng werden. Das Paar verteidigt sein Brutrevier heftigst und diese gemeinsame Verteidigung sorgt auch dafür, dass die Beziehung in diesem Paar sehr stabil bleibt. Oft ist es also günstig, wenn „Feinde" für das Paar im Aquarium vorhanden sind, denn dadurch lässt es sich intensiver zur Brutpflege und erfolgreichen Nachzucht anregen.)

In einem Gesellschaftsaquarium ist die Pflege von polygam lebenden Cichliden in einer großen Gruppe viel einfacher als die Pflege eines einzelnen Pärchens. Eine Gruppe von Jungfischen kann so gut in ein Aquarium eingesetzt werden, da ihre Anschaffung günstiger ist und sie auch bei der Aufzucht mehr Freude bereiten. So sieht der Aquarianer die Fische heranwachsen und ihre prächtige Farbe sich entwickeln. So eine Fischgruppe kann aus zehn Jungfischen bestehen und je größer diese Gruppe ist, desto geringer ist ihre innerartliche Aggression. So sind zum Beispiel *Aulonocara*-Arten sehr gut geeignet, in einer solchen polygamen Gruppe zu leben. Es ist erstaunlich zu beobachten, wie Jungfische bereits in den ersten Lebenswochen eine gewisse Rangordnung auskämpfen. Diese kleinen Fischlein kämpfen schon um Reviere und es macht richtig Spaß, ihnen zuzusehen, zumal es ja bei diesen Jungfischen nicht zu ernsthaften Verletzungen untereinander kommen wird. Sie umschwimmen sich gegenseitig und imponieren mit ihren gespreizten Flossen und allen möglichen Verfolgungsjagden. Wollen Sie eine Gruppe einer Art pflegen, dann muss das Verhältnis Männchen zu Weibchen immer so aussehen, dass mindestens doppelt so viele Weibchen im Aquarium schwimmen.

In kleinen Aquarien von unter etwa 400 l Wasserinhalt haben Männchen einer

gleichen Art nur wenige Ausweichmöglichkeiten gegenüber dem ranghöchsten Männchen. Es empfiehlt sich dann der Einsatz einer größeren Artgruppe von mindestens zwölf, besser 15 Fischen. So können sich zum Beispiel die unterlegenen Männchen zwischen den Weibchen verstecken und mit diesen umherschwimmen. Die ranghohen Männchen bemerken so die unterlegenen Männchen kaum oder geben schneller eine Verfolgung auf. In großen Aquarien von 500 und mehr Litern Inhalt ist es dann wieder einfacher, für die unterlegenen Männchen, sich rechtzeitig vor den Verfolgern zu verstecken. In großen Gruppen der gleichen Art unterbleiben also Revierkämpfe und Verfolgungsjagden weitgehend; somit erleiden diese Cichliden weniger Stress und zeigen ihr schönes Farbkleid viel intensiver, was letztlich dem Aquarianer wieder zugute kommt. Vermeiden Sie es jedoch, zu viele Fische verschiedener Arten miteinander zu vergesellschaften, die unter Umständen von ihren Biotopansprüchen her nicht zueinander passen.

Hinweis:
Auch gesunde Fische tragen Krankheitserreger, die allerdings vom körpereigenen Immunsystem an ihrer Ausbreitung gehindert werden.

Nachträgliches Einsetzen von Fischen

Gerade bei Cichliden, die stark revierbildend sind, ist es äußerst schwierig, zu einem späteren Zeitpunkt weitere Fische dazuzusetzen. Es ist deshalb in jedem Falle günstiger, wenn Sie den ersten Besatz ihres Aquariums genau durchplanen, um dann auf spätere Nachkäufe zu verzichten. Natürlich lässt es sich nicht immer vermeiden, später doch noch einmal Fische dazuzukaufen, zum Beispiel wenn einige Fische des Erstbesatzes verstorben sind. Neu hinzugekaufte Fische müssen in jedem Fall einer Quarantäne unterzogen werden. Unter Quarantäne ist jedoch nicht zu verstehen, die neuen Fische nur einige Tage in einem Aquarium zu beobachten. Eine richtige Quarantäne dauert mindestens vier Wochen und erst dann können Sie sicher sein, dass ihre neu gekauften Fische keine Krankheiten in das alte Aquarium übertragen. Es kommt immer wieder vor, dass scheinbar gesunde Fische doch Krankheitserreger in sich tragen. Für die Quarantäne reicht ein kleines Aquarium mit etwa 100 bis 200 l Wasserinhalt aus. Dies hängt natürlich auch davon ab, wie viele Fische in Quarantäne gehalten werden. Die Einrichtung des Aquariums ist so zu gestalten, dass möglichst einfach darin gearbeitet werden kann. Also keine riesigen Steinaufbauten mit Versteckmöglichkeiten, sondern lieber einige umgestülpte Blumentöpfe mit seitlicher Öffnung, die als Unterschlupf für die Fische dienen. Auch was den Bodengrund angeht, muss man sehr zurückhaltend sein. Wenn es die Fische vertragen, sollte im Quarantäneaquarium kein Bodengrund vorhanden sein. So ist es möglich, täg-

Tipp

Neu erworbene Fische unbedingt einer vorbeugenden Quarantäne unterziehen! Das nachträgliche Einsetzen von Fischen bereitet immer Probleme, deshalb diese unbedingt nachts einsetzen und darauf achten, dass ausreichende Versteckplätze vorhanden sind.

lich die Futterreste abzusaugen und das Aquarium sauber zu halten. Während eines Medikamenteneinsatzes darf nur wenig Wasser gewechselt werden, damit die Medikamente voll wirksam bleiben. Als Filter sind Schnellfilter geeignet, die schnell kontrolliert und gereinigt werden können.

Mit Hilfe von Aktivkohle können Medikamentenreste schnell wieder ausgefiltert werden, so dass ein Medikamenteneinsatz absolut problemlos ist. Mehrere Medikamente dürfen keinesfalls gleichzeitig in einem Aquarium eingesetzt werden, da es sonst möglicherweise zu unliebsamen Kombinationen kommen kann. Vor dem Einsatz eines neuen Medikaments ist das alte Medikament in jedem Falle zuerst mit Aktivkohle herauszufiltern und ein größerer Teilwasserwechsel einzuplanen.

Bevor Sie jedoch Medikamente in einem Quarantäneaquarium einsetzen, sollten Sie Ihre Fische einige Tage beobachten, um festzustellen, ob diese wirklich erkrankt sind. Nach einem Zeitraum von etwa vier Wochen können Sie dann sicher sein, dass Ihre neu erworbenen Fische keine Krankheiten auf den alten Fischbesatz übertragen werden.

Das Einsetzen selbst bereitet unter Umständen mehr Mühe, denn die alte Mannschaft im Stammaquarium wird Neueindringlinge immer argwöhnisch beobachten und möglicherweise sehr stark verfolgen. Haben Sie bereits dominante Männchen der gleichen Art im Aquarium, so müssen Sie einfach eine entsprechend große Anzahl von Neuankömmlingen dazusetzen, damit durch die hohe Anzahl der Fische das dominante Männchen nicht mehr dazu kommt, alle gleichzeitig zu verfolgen. So verteilt sich die Aggressivität und baut sich langsam ab. Einen einzelnen Neuankömmling werden die Artgenossen stark verfolgen und unter Umständen zu Tode hetzen. Doch dies ist bei den Fischen natürlich von Art zu Art und auch individuell unterschiedlich.

Unterlegene Fische müssen die Möglichkeit haben, sich ihren Gegnern zu entziehen. Deshalb ist dann das Anbieten mehrerer Versteckmöglichkeiten wichtig.

Die räuberischen Arten unter den Malawiseecichliden sind bei der Futteraufnahme nicht gerade wählerisch und stürzen sich gierig auf das Futter.

Die Cichliden des Malawisees sind Futterspezialisten und haben sich mit ihren Nahrungsansprüchen an ihre natürliche Umwelt angepasst. Die Verdauungssysteme der Pflanzen fressenden Cichliden unterscheiden sich in ihrem Aufbau deutlich von dem der Insekten oder Fische fressenden Cichliden. Der Verdauungstrakt der Pflanzenfresser ist um vieles länger als jener der Fischfresser. Bei der Aquarienhaltung neigt der Aquarianer gerne dazu, es sich etwas einfach zu machen, wenn es darum geht, seine Fische zu füttern. So greift er gern auf Fertigfutter zurück, welches in Form von Cichlidenflocken oder -pellets angeboten wird. Doch auch hier muss unterschieden werden, ob es sich um Futter für Pflanzen oder Fische fressende Cichliden handelt. So sind die Vertreter der Mbuna-Cichliden vornehmlich Pflanzenfresser, die vom Aufwuchs auf Steinen leben. Im Aquarium müsste man diesen Fischen also auch in erster Linie Pflanzenfutter anbieten. Sie vertragen keinerlei Fett von Schlachttieren wie Rindern und können dadurch Verdauungsstörungen bekommen. Zum Glück fressen jedoch alle Malawiseecichliden kleine Krebstiere, zum Beispiel ausgewachsene *Artemia*-Krebschen, *Cyclops* und auch zerkleinerte Garnelen.

Viele Cichlidenzüchter schwören auf ihr eigenes Cichlidenfutter, welches sie meist aus Garnelen und grünen Erbsen herstellen. Ein Grundrezept für ein solches Tiefkühlfutter könnte wie folgt aussehen:

Zusammensetzung:

500 g ganze, gefrorene Garnelen
500 g grüne, frische, gefrorene Erbsen
1 bis 2 Teelöffel *Spirulina*-Puder (erhältlich im Zoogeschäft)
25 g aufgelöstes Gelatine-Pulver
10 Tropfen Multivitamine aus dem Zoohandel
50 bis 100 g Cichlidenpellets oder -granulat

Die Herstellung erfolgt wie folgt – die angetauten Garnelen und Erbsen in einem Mixer oder Fleischwolf fein zerkleinern, dann die Vitamintropfen und das *Spirulina*-Puder untermischen und zuletzt die aufgelöste Gelatine dazugeben. Die Gelatine bindet die feinen Futterpartikel und es entsteht nach dem Abkühlen ein zäher Futterbrei. Dieser Futterbrei wird in Plastikbeutel gefüllt, glatt gestrichen und eingefroren. So kann er später problemlos stückweise an die Fische verfüttert werden. Dieses hochwertige Futter wird einmal täglich als Basisfutter verwendet.

Im Fachhandel gibt es zahlreiche Fertigfutter für Cichliden; dazu gehören Futterpellets und Flockenfutter. Erfahrungsgemäß nehmen Cichliden gerne Flockenfutter an und somit ist dieses Futter ebenfalls gut geeignet. Moderne Granulatfuttersorten gibt es in verschiedenen Größen, so dass man seine Cichliden während der einzelnen Wachstumsstadien individuell füttern kann.

Artemia-Krebse sind in guter Qualität gefrostet auf dem Markt.

Ein weiteres wichtiges Futter sind die verschiedenen Frostfuttersorten, die für Malawiseecichliden geeignet sind. Dazu gehören Weiße und Schwarze Mückenlarven sowie gefrostete *Artemia*-Krebschen und Krill. Bei *Artemia* und Krill ist bei Pflanzen fressenden Cichliden Vorsicht angeraten, denn schnell können sie sich an diesem Futter überfressen und außerdem vertragen sie es nicht so gut. Problematische Futtersorten für Malawiseecichliden sind gefrostete Rinderherzmischungen und Rote Mückenlarven.

Die richtige Fütterung

Wie oft Malawiseecichliden gefüttert werden sollen, ist abhängig von ihrem Alter. Jungfische benötigen öfter am Tag kleine Futterportionen als Altfische. Die Jungtiere sollten regelrecht im Futter stehen, damit sie schnell heranwachsen

und sich gut entwickeln können. Wichtig ist bei jeder Fütterung, dass das Futter in mehreren Portionen über den Tag verteilt wird. Besonders die Pflanzen- und Aufwuchsfresser sind es gewöhnt, den ganzen Tag immer wieder kleine Portionen von Aufwuchs zu fressen. Würden diese Fische im Aquarium nur einmal täglich gefüttert, so wäre dies ungenügend. Allerdings müssen Sie bei dieser mehrmaligen Fütterung darauf achten, dass nur so viel Futter verabreicht wird wie innerhalb von wenigen Minuten restlos aufgefressen werden kann. Schnell bekommen Sie das richtige Gefühl für die ideale Futterportion. Erwachsene Malawiseecichliden können täglich drei- bis viermal gefüttert werden. Bei Jungfischen empfiehlt es sich, doch fünf- bis siebenmal täglich eine Futterration zu reichen. Werden die Fische ausreichend gefüttert, so werden auch Aggressionen vermindert oder abgebaut. Bei einer einmaligen Fütterung käme es sehr schnell zu enormen Futterkämpfen. Selbstverständlich besteht auch im Aquarium eine gewisse Nahrungskonkurrenz wie dies auch in der Natur der Fall sein muss.

Füttern Sie Ihre Fische niemals unmittelbar nach dem Einschalten der Beleuchtung, denn die Fische benötigen eine gewisse Zeit, um aktiv zu werden. Fische ruhen während der Nacht und erst etwa 30 Minuten nach dem Einschalten der Beleuchtung des Aquariums beginnen sie, ihre volle Aktivität zu entwickeln. Dann ist auch die Zeit gekommen, die erste Fütterung vorzunehmen. Ebenfalls sollten Sie selbstverständlich nicht kurz vor dem Ausschalten der Beleuchtung am Abend die Fische noch einmal füttern.

Wenn Sie den ganzen Tag beruflich unterwegs sein müssen und niemand die Fische tagsüber füttern kann, so empfiehlt es sich zu überlegen, ob Sie nicht einen Futterautomaten installieren und diesen mit Futtergranulat, -pellets oder Flockenfutter versehen. So besteht doch die Möglichkeit, die Fische über einen Automaten etwa zweimal zusätzlich zu füttern. Wenn Sie dann abends nach Hause kommen, können Sie ja noch eine gezielte Hauptfütterung mit Frostfutter vornehmen. Nach dieser Abendfütterung sollte die Beleuchtung aber mindestens noch für eine Stunde eingeschaltet bleiben.

Überfütterung ist bei Cichliden sicher auch ein Thema, denn diese räuberischen Fische werden jedes Futter, welches ihnen schmeckt, in großen Mengen fressen wollen. Ein Zuviel an Futter führt aber zu negativen Erscheinungen, zum Beispiel zur Verfettung der Organe. So kann es zu Stoffwechselstörungen durch falsche Fütterung kommen. Eine Verfettung der Hoden kann dazu führen, dass die Männchen nicht

Tipp

Da Malawiseecichliden während der Nachtzeit nicht aktiv sind, ist eine direkte Fütterung nach Einschalten der Beleuchtung nicht richtig, Sie warten besser mindestens eine halbe Stunde mit der Fütterung, damit das Futter gut angenommen wird.

mehr richtig absamen können – oft ist auch eine übermäßige Fütterung schuld an einer ungenügenden Fortpflanzungsbereitschaft.
Gesunde Cichliden sollten immer gierig ihre Fütterung erwarten! Schnell lernen die Fische ihren Pfleger kennen und sie wissen ganz genau, dass es jetzt Futter gibt, wenn dieser an das Aquarium heran tritt und die Abdeckung öffnet. Sollten ausgewachsene Cichliden einmal schlecht fressen oder gar das Futter verweigern, dann führen Sie einfach mal einen Hungertag ein, um zu testen, ob die Fische vielleicht überfüttert wurden. Nehmen diese jedoch nach einer solchen Futterpause immer noch kein Futter an, dann ist die Möglichkeit einer Erkrankung gegeben.
Wenn Sie im Urlaub eine Vertretung finden, die Ihre Fische pflegt und füttert, dann sollten Sie vielleicht mit dieser Person testweise einmal eine Fütterung vornehmen, denn Nichtaquarianer neigen schnell dazu, den Fischen etwas Gutes tun zu wollen und dann wird zu viel Futter in das Aquarium geworfen. Übrig gebliebenes Futter verdirbt sehr schnell und belastet das Wasser. Selbstverständlich sind nicht gefressene Futterreste möglichst schnell aus dem Aquarium zu entfernen.

Das Futter der Malawiseecichliden kann durchaus in gefrorener Form verabreicht werden, da es den Darm nicht gefroren erreicht. Auf diese Weise bleibt es aber möglichst frisch und so bleiben die meisten Vitamine und Spurenstoffe erhalten.

> **Tipp**
>
> **Lassen Sie maulbrütende Cichlidenweibchen ihre Jungen im Gesellschaftsaquarium einmal komplett austragen, selbst auf die Gefahr hin, dass die meisten Jungen später gefressen werden.**

Die Zucht von Malawiseecichliden ist kein schwieriges Problem und wird meist auch im Gesellschaftsaquarium erfolgreich durchzuführen sein. Jeder Aquarianer, der Cichliden pflegt, wird sicher eines Tages auch einmal die Absicht haben, seine Cichliden erfolgreich nachzuzüchten. Dass die Zucht im Gesellschaftsaquarium von allein funktioniert, ist völlig klar, die Schwierigkeit liegt jedoch in der Aufzucht. Da alle anderen Cichliden im Aquarium natürliche Fressfeinde der Jungfische sind, wird es schwierig werden, Jungfische bis zu einer Größe von etwa drei Zentimetern heranzuziehen, ohne dass sie vorher von Mitbewohnern aufgefressen werden. Beginnen die Jungfische frei zu schwimmen oder verlassen sie das Maul des Elterntiers, dann sind sie schnell eine willkommene Beute.

Aus diesem Grund ist es günstiger, sich für die gezielte Aufzucht auch ein spezielles Zuchtaquarium zuzulegen. Ein solches Zuchtaquarium wird für eine Art von Fischen eingerichtet und in der Dekoration so auf die Bedürfnisse dieser jeweiligen Art abgestimmt. Ausreichend Versteckplätze müssen in einem solchen Zuchtaquarium selbstverständlich vorhanden sein, denn es werden ja nicht paarweise die Cichliden zur Zucht angesetzt, sondern mehrere Weibchen mit einem Männchen. Je nach Cichlidenart variiert natürlich die Zusammensetzung der Zuchtgruppe. Dass sich die Weibchen in bester körperlicher Verfassung befinden müssen, dürfte klar sein, und bevor sie zur Zucht angesetzt werden, müssen sie auch gezielt mit gutem Futter versorgt werden, damit ein Laichansatz gewährleistet ist.

Wichtige Faktoren für die erfolgreiche Zucht sind zum Beispiel die richtige Aquariengröße, denn ist das Aquarium zu klein, können die Weibchen dem stürmischen Männchen nicht immer ausweichen. Neben der richtigen Dekoration spielt das passende Wasser eine große Rolle, denn nur wenn die idealen Wasserbedingungen vorherrschen, ist eine Zucht auch erfolgsversprechend. Richtiges Wasser wird auch durch eine optimale Filterung erzeugt und selbstverständlich muss ein solches Zuchtaquarium mit dem passenden Filter ausgestattet werden.

Um eine Zuchtgruppe zusammenzustellen sind zuerst einmal die Geschlechtsunterschiede der Cichliden festzustellen. Bei vielen Malawiseecichliden ist dies dann am einfachsten, wenn sich die Männchen von den Weibchen deutlich in ihrem Farbkleid unterscheiden.

Geübte Cichlidenpfleger können auch die Geschlechter anhand der Größe der Genitalpapillen unterscheiden. Dies ist erst bei ausgewachsenen Fischen möglich. Weibchen besitzen eine größere Geschlechtsöffnung als Männchen. Besonders dann, wenn Weibchen schon einmal ablaichten, ist die größere

Die Mutter entlässt nach etwa drei Wochen fertig entwickelte Jungfische aus dem Maul, hier *Cyrtocara moorii*. Anfangs verstecken sich die Kleinen zwischenzeitlich noch im Maul ihrer Mutter. Foto: M.-P. & C. Piednoir

Gewerbliche Züchter neigen dazu, die Weibchen herauszufangen und die Jungfische aus dem Maul zu schütteln, um diese getrennt aufzuziehen. Für Aquarianer ist es jedoch günstiger, die maulbrütenden Weibchen im Aquarium zu belassen.

Geschlechtsöffnung deutlich zu erkennen. Die Geschlechtsöffnung sitzt übrigens oberhalb des Afters in Richtung Kopf.

Praktische Zuchthinweise

Die Brutpflege bei den Malawiseecichliden ist sehr gut ausgebildet und normalerweise kümmern sich die Eltern und im Besonderen die Weibchen sehr intensiv um ihre Nachkommen. Gerade die maulbrütenden Arten laichen problemlos im Gesellschaftsaquarium ab. Das Weibchen nimmt die befruchteten Eier auf und trägt sie im Maul aus. Es bereitet immer Schwierigkeiten, solche Weibchen aus einem volleingerichteten Aquarium herauszufangen und in ein Aufzuchtaquarium umzusetzen. Wird das Weibchen mit einem Netz gefangen, so kann es vorkommen, dass es seine Eier oder die bereits entwickelten Jungfische ausspuckt. Passiert dies, dann sollte das Weibchen dennoch in das Aufzuchtaquarium gesetzt werden und die Eier oder die bereits entwickelten Jungfische

Das obere, rechte Weibchen trägt Eier oder Junge im Maul.

sollten in das gleiche Aufzuchtaquarium gegeben werden. Im Normalfall wird das Weibchen die Eier und Jungfische wieder aufnehmen und austragen. Gewerbliche Züchter entnehmen oft den Weibchen die Eier und brüten diese künstlich aus. Bei der künstlichen Aufzucht gibt es jedoch teilweise größere Verluste. Oft werden auch die Jungfische künstlich aus dem Weibchen herausgeschüttelt, obwohl sie noch nicht voll entwickelt sind und noch einen großen Dottersack besitzen. In speziellen kleinen Aufzuchtaquarien werden diese Jungfische dann künstlich aufgezogen, was bedeutet, dass sie ihren Dottersack aufzehren und anschließend mit erstem Feinstfutter wie zum Beispiel *Artemia*-Krebschen gefüttert werden. Für die Aquarienpraxis ist es jedoch wesentlich günstiger, wenn die Jungfische auf natürliche Art und Weise von ihrer Mutter im Maul aufgezogen werden, um dann als vollentwickelte lebensfähige Jungfische das Maul zu verlassen. Während der je nach Cichlidenart unterschiedlichen Entwicklungszeit von etwa drei bis vier Wochen frisst das Weibchen kaum etwas und magert deutlich ab. Solche Weibchen sollten nach dem Aufziehen der Jungfische unbedingt genügend Zeit bekommen, um sich wieder völlig zu regenerieren. Auch dürfen diese geschwächten Weibchen nicht sofort wieder in das Gesellschaftsaquarium zurückgesetzt werden, wo sie zahlreichen Aggressionen ausgesetzt wären. Ein zurückgesetztes Weibchen wird von seinen Artgenossen als Eindringling empfunden und die Wiedereingliederung muss sehr vorsichtig geschehen. Ist die Gruppe der gleichen Art im Aquarium sehr groß, so ist eine Wiedereingliederung erheblich einfacher.

Tipp

Aus dem Aquarium entfernte Weibchen dürfen erst zurück gesetzt werden, wenn sie Gelegenheit hatten, sich wieder durch gezielte Nahrungsaufnahme zu kräftigen.

Zum Vergleich hier einmal einiges Allgemeines zum Verhalten von Cichliden: Während die Jungfische von maulbrütenden Cichliden nach dem Entlassen aus dem Maul schon relativ groß sind, sind die frischgeschlüpften Jungfische von Versteckbrütern sehr klein. Hat sich ein Pärchen von Versteckbrütern gefunden und beginnt mit dem Balzspiel, indem sich die beiden Partner ein gemeinsames Revier suchen und mit ihren Körperbewegungen anzeigen, dass sie ablaichen wollen, werden sie bald Vorkehrungen für das Ablaichen treffen. Sie verteidigen ihr Revier sehr intensiv und jeder Eindringling wird rücksichtslos zurückgedrängt. Wenn Sie also ein solches Pärchen entdeckt haben, dann könnten Sie es auch herausfangen und in ein spezielles Zuchtaquarium überführen. Zwar wird hierdurch die Laichmotivation etwas unterbrochen, doch erfahrungsgemäß beginnen die Fische nach wenigen Tagen wieder mit den Laichvorbereitungen im neuen Aquarium. In jedem Falle wird mit Hilfe des Mauls der Laichplatz gründlich gesäubert. Dabei wechseln sich beide Partner

Hinweis:

Zum Fortpflanzungsverhalten der maulbrütenden Malawisee-cichliden siehe Seite 55-57.

oft ab. Die Hauptaufgabe des Männchens bleibt jedoch immer die Verteidigung des Reviers. Oft sind die idealen Laichunterlagen glatte Steine. Unter heftigem Rütteln oder Zittern beginnt die eigentliche Paarung. Das Weibchen legt die Eier auf das Laichsubstrat, auf dem sie kleben bleiben. Das Männchen hat jetzt die Aufgabe, das Gelege zu besamen und oft unterstützt das Weibchen die Befruchtung dadurch, dass es das abgegebene Sperma mit den Flossen auf das Gelege zufächelt. Das Befächeln des Geleges ist eine der wichtigsten Aufgaben des Weibchens, denn so werden die Eier mit Sauerstoff versorgt. Durch diese Frischwasserzufuhr und das Befächeln wird ein Verpilzen der Eier vermieden. Die Entwicklungsdauer der Eier ist von Art zu Art unterschiedlich und es kann einige Tage aber auch bis zu zwei Wochen dauern, bis die Larven zu schlüpfen beginnen. Häufig unterstützen die Eltern ihre Larven beim Schlüpfen, indem sie diese aus den Eihüllen herauskauen. Wie die meisten Cichliden betten die Eltern dann ihre Larven um und sammeln sie an einem geschützten Platz zusammen. Nach wie vor ist das Weibchen der aktivere Teil bei der Pflege der Eier, der Larven und der späteren Jungfische. Das Männchen kümmert sich verstärkt um die Verteidigung des Reviers. Geschlüpfte Larven, die das Nest verlassen wollen, werden immer wieder von der Mutter eingefangen und zurück zum Nest getragen und dort hineingespuckt. Eines Tages aber ist es soweit, dass die Jungen das Nest verlassen können und sich überall in der Nähe des Laichplatzes verteilen, um auch Futter zu suchen. Falls Sie diese Jungfische jetzt weiter aufziehen und vor den Fressfeinden im Gesellschaftsaquarium schützen wollen, dann müssten Sie sie aus dem Aquarium entfernen. Am einfachsten ist es, die Jungfische mit Hilfe eines etwas dickeren Schlauchs mitsamt dem Wasser abzusaugen und in ein Aufzuchtaquarium zu überführen.

Die Aufzucht

Am idealsten ist es, die Jungfische in ein spezielles Aufzuchtaquarium zu überführen und dort gezielt zuzufüttern. Ein Aquarium mit 80 cm Länge und etwa 100 bis 150 Litern Inhalt, ist völlig ausreichend. Bei kleinen Bruten von Maulbrütern können die Aufzuchtaquarien in den ersten Wochen selbstverständlich viel kleiner ausfallen. Es ist sehr wichtig, dass das Aufzuchtaquarium sehr gut gefiltert wird und auch ein regelmäßiger Teilwasserwechsel ist wichtig. Durch die intensive Fütterung wird das Wasser nämlich sehr belastet und es könnten teilweise sehr hohe Nitratwerte auftreten, welche das Wachstum der Jungfische stark beeinträchtigen. Je häufiger Teilwasserwechsel stattfinden, desto besser ist das Wachstum der Jungfische. Das erste Aufzuchtfutter für die kleinen Cichliden sind frischgeschlüpfte lebende *Artemia*-Krebschen, die ganz einfach aus Dauereiern zum Schlüpfen zu bringen sind. Es gibt spezielle *Artemia*-Kulturgeräte im Fachhandel, in welche ein Löffel voll *Artemia*-Eiern gegeben wird und die mit Hilfe von Salzwasser zum Schlupf gebracht werden. So ist es mög-

lich, innerhalb von 24 bis 36 Stunden frischgeschlüpfte *Artemia*-Krebschen den Jungfischen anzubieten. Es ist wichtig, die *Artemia*-Krebschen vor dem Verfüttern kurz mit Süßwasser abzuspülen, damit diese kleinen Krebschen nicht mehr zu salzhaltig sind. Zusätzlich können fein zerkleinertes Flockenfutter, Tablettenfutter oder auch gefrostete *Cyclops* als Erstfutter gereicht werden.
Im Gegensatz zu den Maulbrütern vermehren sich die Versteck- oder Substratbrüter sehr stark, denn sie zeugen ja mehrere hundert Jungfische. Es ist deshalb besonders wichtig, dass man sich darüber im Klaren ist, was man mit den später größeren Jungfischen einmal machen wird. Bei der großen Anzahl von Jungfischen ist es auch wichtig, eine Zuchtauslese zu betreiben und fehlerhafte oder verkümmerte Jungfische nicht aufzuziehen. In der Natur werden auch nur die kräftigsten Exemplare einer Brut überleben und es ist völlig normal, dass Jungfische von ihren Artgenossen aufgefressen werden.

Das mütterliche Maul ist Versteckplatz bei Gefahr. Foto: Aquamagazine Japan

Vor dem Kauf ist auf äußere Anzeichen von Krankheiten zu achten. Ist der Fisch gut genährt und zeigt keine Verletzungen, so liegt meist auch keine Krankheit vor. Im Bild das Portrait eines gesunden *Aulonocara baenschi*-Männchens. Foto: M.-P. & C. Piednoir

Ein Großteil der im Aquarium herrschenden Fischkrankheiten werden durch Haltungsfehler verursacht. Viele Krankheiten könnten durch eine ausreichende Pflege und Hygiene im Aquarium vermieden werden.

Malawiseecichliden lieben sauberes, klares, nitratarmes Wasser. Ein solches Wasser erreicht der Aquarianer am besten dadurch, dass er regelmäßige Teilwasserwechsel durchführt. In überbesetzen Aquarien stellen sich auch schneller Krankheiten ein, die in Aquarien mit geringem Besatz nicht vorkämen. Die Sauberkeit des Aquarienwassers ist also das wichtigste Element bei einer erfolgreichen Malawiseecichlidenpflege. Einmal pro Woche sollte ein größerer Teilwasserwechsel als Minimum eingeplant werden und hier bedeutet Teilwasserwechsel etwa den Austausch der Hälfte des Aquarienwassers, besser mehr. Dass der Bodengrund regelmäßig abgesaugt werden muss, dürfte klar sein, denn zurückgebliebene, verschmähte Futterreste verderben sehr schnell und belasten dann das Wasser. Das Reinigen des Vorfilters gehört auch zu den regelmäßigen Wartungsarbeiten bei einem Malawiseecichlidenaquarium, denn hier werden meist schnell laufende Filter mit hohem Wasserdurchfluss eingesetzt. Totale Filterreinigungen sind jedoch zu vermeiden, denn die totale Neueinrichtung oder das Auswaschen eines Filters kann – in Verbindung mit einem Teilwasserwechsel – dazu führen, dass das Wasser einfach zu frisch wird. Zu frisches Wasser ist oft fischaggressiv. Gewöhnen Sie sich des-

halb an, die Filterreinigung nicht unbedingt mit dem Teilwasserwechsel zusammenzulegen oder immer nur Teile des Filters zu erneuern.

Durch eine perfekte Wasserpflege werden also schon zahlreiche Krankheiten überhaupt nicht auftreten. Krankheiten wie Haut-, Kiemen- oder Flossenverletzungen treten besonders bei Transporten auf.

Die lebhaften Cichliden wehren sich gegen ein Herausfangen und anschließendes transportieren. Cichliden sind äußerst schwierig zu fangen und so kann es schnell zu äußeren Verletzungen kommen, die durch das grobe Netz hervorgerufen werden. Auch der Transportstress wird dazu führen, dass die Fische etwas anfälliger werden. Äußere Verletzungen heilen in Aquarien mit idealen Wasserbedingungen meist von selbst sehr schnell wieder ab und es ist nicht bedenklich, wenn äußere Verletzungen nach dem Transport zu sehen sind. Warten Sie erst einmal ein bis zwei Tage ab, bevor Sie dem Wasser irgendwelche Medikamente zusetzen. Spätestens am zweiten Tag sollte eine Verbesserung der äußeren Verletzung eingetreten sein. Bildet sich jedoch ein weißlicher, pilzähnlicher Belag auf der Verletzung, dann müssten Sie mit einem Mittel gegen Pilzbefall diesen Belag bekämpfen. Entsprechende Mittel und Medikamente sind im Fachhandel erhältlich.

Nach dem Transport ist es auch wichtig, dass die Fische keinen pH-Schock bekommen. Das Transportwasser kann sich besonders bei langen Transporten stark im pH-Wert verändern. Liegt der pH-Wert des Transportwassers deutlich unter pH 7, dann dürfen die Fische nicht schlagartig in ein Wasser mit einem pH-Wert über 7 umgesetzt werden, da es sonst zu einer Ammoniakvergiftung kommen könnte. Bereiten Sie in einem kleinen Behälter Frischwasser mit etwa dem gleichen pH-Wert des Transportwassers vor und setzen Sie die Fische dann in dieses Frischwasser, dessen pH-Wert aber mit dem Transportwasser identisch ist. So kann nichts passieren und die Fische befinden sich jetzt in klarem Wasser. Dieses klare Wasser mit dem niedrigeren pH-Wert wird jetzt über einen Zeitraum von etwa 30 Minuten mit Aquarienwasser vermischt. So steigt der pH-Wert langsam auf über 7 an. Sind die Fische dann nach 30 Minuten an den pH-Wert des Aquariums angeglichen, so können sie in dieses überführt werden. Keinesfalls dürfen die transportierten Fische nach dem Öffnen der Transportbeutel noch für längere Zeit im Transportwasser verbleiben, denn dieses ist meist sehr sauerstoffarm, hoch belastet und somit schon fast fischgiftig. Sorgen Sie also schnell dafür, dass Ihre Neuankömmlinge in optimales Aquarienwasser umgesetzt werden.

Spezialbücher über Cichlidenkrankheiten helfen bei Krankheitsproblemen weiter. Detaillierte Informationen enthält auch das Standardbuch: „Ihr Hobby: Gesunde Aquarienfische“ von Dieter Untergasser.

Männchen der gleichen Art, hier *Maylandia estherae*, sind immer Rivalen und der Unterlegene muss im Aquarium um Rückzugsmöglichkeiten vorfinden. Foto: AquaPets Taiwan

Da der Aquarianer seine Fische ohne unnötige Verluste pflegen möchte, ist es notwendig, dass er das Verhalten seiner Fische möglichst gut kennt. Die meisten unerwarteten Verluste werden durch das Aggressionsverhalten der Fische verursacht. Aber auch der Nahrungserwerb oder das Fortpflanzungsverhalten sind wesentliche Verhaltensäußerungen, welche die Fische im Aquarium artgemäß ausleben können müssen. Werden diese Ansprüche der Cichliden nicht erfüllt, dann kann dies dazu führen, dass die Fische aus tierpsychologischen Gründen erkranken und schließlich sogar dadurch sterben.

Aggression

Das Aggressionsverhalten der Fische und vor allem der Vertreter von Arten und Familien aus der Barschverwandtschaft ist sich in vielen Merkmalen sehr ähnlich. Sowohl das Aggressions- als auch das entgegengesetzte Demuts- oder Beschwichtigungsverhalten läuft – bei ungestörtem Verhalten – immer in gleichen Bahnen ab. Wichtig ist in diesem Zusammenhang, dass die Fische sich oft gegenüber geschlechtsgleichen Partnern anders verhalten als gegenüber dem anderen Geschlecht. Voraussetzung dafür ist aber, dass der Partner als solcher erkannt wird. Deshalb hat sich bei vielen Arten eine unterschiedliche geschlechtsspezifische Körperfärbung herausgebildet. Sofern keine unterschiedliche Färbung vorliegt, müssen sich die Geschlechtspartner beispielsweise durch bestimmte Verhaltensäußerungen erkennen.

Das Aggressionsverhalten ist durch bestimmte, immer wiederkehrende Elemente charakterisiert. Die einzelnen Bestandteile dieses Verhaltens werden nach ihrer Erscheinungsart benannt. Beispielsweise „Flossenklemmen“, „Flossenwedeln“, „Kiemendeckelspreizen“, „Rütteln“ und viele andere mehr. Außerdem muss zwischen „Kämpfen“ unterschieden werden, die einerseits ohne körperliche Verletzungen ablaufen, da von den einzelnen beteiligten Fischen ausschließlich ein Imponiergehabe gezeigt wird, und solchen, die andererseits zu echten Verletzungen führen. Um Imponierkämpfe und Beschädigungskämpfe zu unterscheiden, werden sie auch entsprechend genannt. Gerade bei Malawiseecichliden kommt es sehr oft vor, dass etwa gleich starke Fische recht lange imponieren, ohne dass es zu einem erkennbaren Ergebnis kommt. In solchen Fällen wechseln die betroffenen Gegner schließlich vom Imponier- zum Beschädigungskampf über. Aber auch missverständliche Verhaltensweisen können – vor allem bei zwischenartlichen Auseinandersetzungen – sehr schnell zu Beschädigungskämpfen führen. Zudem spielt die „innere Stimmung“, besser die Motivation, eine große Rolle. So können sich Fische beispielsweise zu einem bestimmten Zeitpunkt

Ihre optimale Färbung zeigen dominante Männchen, hier *Protomelas taeniolatus*. Foto: AquaPets Taiwan.

recht friedfertig verhalten, während sie zu einem späteren Zeitpunkt möglicherweise viel aggressiver sind. Eine wichtige Ursache dafür kann zum Beispiel die Verteidigung eines Reviers, von Jungen oder von Nahrung sein; wobei auch mehrere Faktoren zusammentreffen können, was wiederum unterschiedliche Aggressionsgrade auslöst. Das ist die Ursache, dass beispielsweise viel schwächer erscheinende, aber Junge führende Fische, erheblich größere Tiere angrei-

fen und vertreiben, weil die Fische aufgrund des Vorhandenseins der Jungen erheblich stärker motiviert sind – dies ist interessant zu beobachten.

Typisches Imponierverhalten äußert sich unter anderem durch Intensivierung der Körperfarben (manchmal ändert sich auch die Farbe der Augeniris), durch Abspreizen der Flossen- und der Kiemendeckel oder durch Senken des Mundbodens, so dass der Körperumriss des Fischs vergrößert erscheint, sowie durch heftige Flossenbewegung, vor allem mit der Schwanzflosse.

Die Bauchflossen werden versetzt getragen, so dass sogar dadurch der Umriss von der Seite vergrößert wirkt. Unter heftigem Flossen- und Hinterkörperschlagen wedeln sich die imponierenden Gegner gegenseitig Wasserschwälle zu, deren Intensität oder „Kraft" sie mit Hilfe ihres Seitenlinienorgans und durch Sinnesgruben, welche die Fische vor allem am Kopf aufweisen, wahrnehmen können. Manche Arten bewegen beim Flossenwedeln ihre Brustflossen sehr schnell (Flossentrillern), wodurch die Fische eine Gegenströmung erzeugen und – trotz heftiger Flossenbewegungen – im Wasser nahezu am gleichen Ort verharren. Einige Arten tragen auffällige Flecken oder andersartige Markierungen auf den Flossen oder auf den Kiemendeckeln, die von besonders verletzlichen Körperbereichen ablenken und in anderen Fällen den Körperumriss optisch zusätzlich vergrößern. Auch Maulaufreißen gehört zum Imponiergehabe. Oft wird auch das Zubeißen oder ein Rammstoß in die Flanke des Gegners angedeutet, ohne dass es wirklich dazu kommt. Sowohl diese Verhaltensäußerung als auch die Stellung der Gegner zueinander sind dabei von Bedeutung. Zum Flossenschlagen schwimmen die Fische dabei meist Kopf an Kopf nebeneinander, was als Parallelstellung oder -imponieren bezeichnet wird. Manchmal wechseln sie die Position und schwimmen Kopf an Schwanz nebeneinander; dies ist das Antiparallelimponieren. Ist beim Imponieren ein

Unterlegene Männchen zeigen nicht ihr optimales Farbkleid. Das wird gerade dann deutlich, wenn es sich – wie bei *Aulonocara baenschi* – eigentlich um prächtige Fische handelt. Foto: AquaPets Taiwan

Fisch mit dem Kopf in Richtung der Flanke des Gegners ausgerichtet, so ist dies die so genannte T-Stellung.

Von den meisten Fischarten sind solche Verhaltensweisen von heftigen Lautäußerungen begleitet, die sich aber nur in seltenen Fällen in für Menschen hörbaren Frequenzen bewegen. Außerdem geben viele Fische Duftstoffe ans Wasser ab, die als so genannte Pheromone ebenfalls wichtige Funktionen ausüben. Pheromone können der Findung oder Meidung von möglichen Partnern oder potentiellen Gegnern dienen. Die Pheromone werden vor allem für die langfristiger andauernde Kommunikation genutzt, die gegebenenfalls auch große Distanzen überwinden kann. Hingegen haben Laute oder die Körperfarben der Fische nur jeweils aktuelle Bedeutungen.

Aus den Bewegungsabläufen der Scheinangriffe heraus wechseln die Fische aus dem Imponierkampf beim Ausbleiben eines Ergebnisses schließlich zum Beschädigungskampf über. Dabei kommt es zu heftigen Rammstößen, vor allem in die Flanken des Gegners. Noch häufiger sind Bisse, wodurch Schuppen heraus getrennt werden und ganze Flossenteile verloren gehen können. Beschädigungskämpfe führen meist sehr schnell zum Tod eines oder beider Kontrahenten.

Wird von einem der an der Auseinandersetzung beteiligten Fische oder von einem, der zufällig einbezogen wird, die Unterlegenheit anerkannt, so zeigt dies der betroffene Fisch ebenfalls durch bestimmte eindeutige Verhaltenselemente. Typisches Beschwichtigungsverhalten äußert sich durch blassere Körperfarben, Anlegen und Klemmen der Flossen, Neigung des Körpers in eine bestimmte – arttypische – Richtung und schließlich durch Flucht. In der Natur löst das Beschwichtigungsverhalten des schwächeren, unterlegenen Fischs in der Regel eine Angriffshemmung beim überlegenen, dominanten Fisch aus, zumal sich der Unterlegene weiteren Angriffen durch Flucht entzieht. Im Aquarium steht leider manchmal nicht genug Platz für eine Flucht in genügend große Entfernung zur Verfügung und auch die Zahl der Verstecke genügt oft nicht. Dadurch kann es unter solchen – zu beengten – Verhältnissen zur Tötung von unterlegenen Fischen kommen, was in solcher Form in der Natur nicht geschehen würde. Daran sind dann aber nicht die „besonders bösen" Fische schuld, die nur nach ihren angeborenen Verhaltensweisen handelten, sondern es sind die Aquarianer, die den Fischen nicht genügend Platz zur Verfügung stellten und die jene arttypischen Verhaltensweisen nicht angemessen berücksichtigten.

Nachdem sich die Fische durch mehrere Kämpfe kennen gelernt haben, ist ihnen ihre Stellung bekannt und weil die meisten Cichliden sich persönlich kennen und wiedererkennen, bilden sich Rangordnungen heraus, in denen jeder Fisch seine Position kennt und schließlich auch anerkennt. Dadurch werden in der späteren Zeit weitere und unnötige Kämpfe vermieden; eine einmal herausgebildete Rangordnung ist also relativ stabil. Eingriffe durch den Aquarianer können dann katastrophale Folgen nach sich ziehen, so dass es erneut zu heftigen Kämpfen unter den Fischen kommt. Solche Eingriffe können das Hinzusetzen oder Entfernen von Fischen sein, aber auch die Veränderung von Einrichtungsgegenständen, die beispielsweise als Reviergrenzen oder Verstecke von Bedeutung sind.

Wichtig ist es auch zu wissen, dass sich die Positionen in den Rangordnungen der Fische vor allem dann verändern, wenn diese Fische Eier oder Junge betreuen. Bei Maulbrütern kommt hinzu, dass sie sich in der Zeit der Maulbrutpflege nur schlecht verteidigen und deshalb in der Rangordnung weit absteigen können. Um so schwieriger ist es für die betroffenen Fische, wenn sie während der Maulbrutpflegezeit herausgefangen werden und erst nach einiger Zeit ins Aquarium zurückkommen. Meist verändert solch ein Eingriff die Rangordnung dauerhaft, in anderen Fällen erkennen sich die Fische auch nach längerer Zeit der Trennung individuell wieder und nehmen problemlos und ohne Kämpfe, vielleicht unter etwas Imponieren, die alte Rangposition ein. Trotzdem ist das Herausfangen immer von gewissem Risiko, da auch bei einem Wiedererkennen der Fische, einzelne die veränderte Situation nutzen werden,

um zu versuchen, in der Rangordnung aufzusteigen.
Bei Substratbrütern ist es im Gegensatz dazu so, dass zuvor eher friedliche Fische jetzt, da sie ihre Eier oder Jungen verteidigen, aggressiver sind und dadurch in der Rangordnung aufsteigen.
Grundsätzlich gilt die Faustregel, dass je mehr Fische gepflegt werden, die Rangordnung umso stabiler ist und entsprechend weniger Verletzungen bei den Fischen vorkommen. Selbstverständlich gilt diese Regel nur im Zusammenhang mit genügend zur Verfügung stehendem Raum für die entsprechend größere Zahl der Fische.

Fortpflanzung

Das Fortpflanzungsverhalten lässt sich erheblich schlechter allgemeingültig darstellen als das Aggressionsverhalten, weil das Fortpflanzungsverhalten – ähnlich wie bei einem Schlüssel-Schloss-System – bei den unterschiedlichen Arten arttypisch aufeinander abgestimmt ist. Deshalb gibt es ganz erhebliche Unterschiede, die sich bei verschiedenen Arten sogar in völlig unterschiedlichen Verhaltensweisen äußern. Und deshalb ist die Verständigung zwischen unterschiedlichen Arten immer erheblich schwieriger als die innerartliche Kommunikation. Dies kann sogar so weit führen, dass aufgrund zwischenartlicher Missverständnisse, wie oben bereits angedeutet, beispielsweise Balzhandlungen des einen durch Aggressionen des anderen Fischs beantwortet werden.
Allgemeingültig ist, dass für viele Arten dem Fortpflanzungsverhalten eine

Hinweis:
Im Freiwasser laichende Maulbrüter, zum Beispiel viele Utaka, besitzen quasi dreidimensionale, für den Aquarianer unsichtbare Reviere.

Reviergründung vorausgehen muss. Dies kann allerdings bei den im freien Wasser laichenden Maulbrütern unterbleiben. Bestehen Reviere, dann ist die möglichst störungsarme Aufzucht der Jungen gewährleistet. Interessant ist in diesem Zusammenhang, dass viele Verhaltenselemente der Aggression mit

Das *Placidochromis electra*-Männchen zeigt bei Wohlbefinden eine herrlich hellblaue Färbung. Foto: M.-P. & C. Piednoir

jenen der Balz übereinstimmen. Das führt dazu, dass die jeweiligen Verhaltensäußerungen von den beiden Geschlechtern unterschiedlich interpretiert und beantwortet werden. Flossenspreizen und -wedeln eines Männchens kann also dazu führen, dass ein anderes Männchen vertrieben wird, während gleichzeitig ein Weibchen angelockt wird. Bei vielen Fischen ist es zum Beginn der Balz so, dass das Männchen nicht zwischen einem männlichen Gegner und einem weiblichen möglichen Geschlechtspartner unterscheidet. Das ist die Ursache dafür, dass die Männchen zunächst auch die Weibchen angreifen

und vertreiben. Diese Angriffe werden aber unterschiedlich beantwortet. Ein anderes Männchen wird entweder selbst versuchen, das Revier durch Kampf zu erobern, oder es wird fliehen. Das Weibchen wird, wenn es nicht zum Ablaichen motiviert ist, ebenfalls fliehen oder – wenn es mit dem Männchen laichen will – versuchen, das Aggressionsverhalten des Männchens durch bestimmte Verhaltensweisen zu beschwichtigen. Dieses Beschwichtigungsverhalten bei der Balz gleicht dem Beschwichtigungsverhalten nach Aggressionen. Durch ein solches Demutsverhalten des Weibchens wird es schließlich in der Nähe und im Revier des Männchens geduldet. Jetzt wird allerdings das Weibchen alle weiteren möglichen Konkurrentinnen aggressiv vertreiben und den Geschlechtspartner für sich beanspruchen.

Das Männchen erkennt nun durch das Beschwichtigungsverhalten des Weibchens dieses als Geschlechtspartnerin und beginnt es zu umwerben. Dabei werden die Flossen abgespreizt und die schönsten Farben gezeigt. Das Männchen umschwimmt seine Angebetete und schwimmt gezielt auf das spätere Laichsubstrat zu. Meist ist dies ein flacher Stein, aber es gibt auch andere Laichunterlagen wie Blätter oder Aquarienscheiben. Diese Balz dient der Stimulation der Geschlechtspartner, wodurch es zu gewissen hormonellen und nervösen Wirkungen in den Körpern der Fische kommt, so dass später die Abgabe der Geschlechtsprodukte zum richtigen Moment gewährleistet ist.

Für viele Cichliden gehört das gemeinsame Putzen des Laichsubstrats als wichtiges Element zur Balz. Das betrifft vor allem die Substratlaicher und -brüter. Aber auch bei Maulbrütern kann das Putzen als Verhaltensrudiment auftreten. Andererseits gibt es Substratlaicher, die bestimmte Stellen putzen und später an ganz anderen – ungeputzten – Orten laichen.

Langsam werden die Balzhandlungen intensiver und die Fische versuchen erste Paarungen, die aber noch nicht zum Ergebnis führen. Diese werden als Scheinpaarungen bezeichnet. Nur wenn wirklich Eier gelaicht werden, handelt es sich um echte Paarungen. Die Spermien werden dabei nicht berücksichtigt, weil sie in den meisten Fällen für den beobachtenden Aquarianer gar nicht sichtbar sind und mit komplizierten Methoden nachgewiesen werden müssten. Es kommt allerdings auch vor, dass vom Männchen sehr viele Spermien abgegeben werden, die dann als Wolke oder Trübung im Wasser sichtbar sind. Letztendlich dienen auch die Scheinpaarungen der Einstimmung der Partner aufeinander und schließlich kommt es zu den echten Paarungen, wobei beide Partner ihre Geschlechtsprodukte abgeben.

Bei Maulbrütern nimmt der maulbrütende Partner die befruchteten Eier schließlich ins Maul oder er nimmt die Eier und Spermien auf und sichert die Befruchtung im Maul.

Die Eier und Larven werden bei den Cichliden aufmerksam beschützt, doch gibt es hier, je nach Art, sehr unterschied-liche Aufgabenverteilungen für

die Geschlechter. Es gibt sowohl Buntbarsche, bei denen sich beide Geschlechter gleichermaßen um den Nachwuchs bemühen, als auch solche, bei denen sich nur eines der Geschlechter darum kümmert, sowie alle möglichen Übergangsformen zwischen den Extremen.
Je nachdem, ob sich der Vater oder die Mutter um die Jungen kümmert, handelt es sich um eine Vater- oder Mutter-Familie. Sind beide gleichberechtigt beteiligt, dann ist es eine Elternfamilie und wenn ein Geschlecht stärker beteiligt ist, das andere aber durchaus auch einbezogen ist, dann wird von einer Vater-Weibchen- oder Mutter-Männchen-Familie gesprochen.
Bei den Maulbrütern der afrikanischen Seencichliden handelt es sich meist um reine Mutter-Familien, während die Substratbrüter der Seencichliden in der Mehrzahl der Fälle Elternfamilien bilden.
Diese Familien werden meist nur für eine Fortpflanzungsperiode gebildet, doch gibt es durchaus auch Arten, bei denen die Partner über mehrere Laichperioden beisammenbleiben oder sogar eine Art Ehe auf Lebenszeit bilden.

Nahrungserwerb

Auch wenn im Kapitel Ernährung der Aquarienfische bereits ausführlich auf die Nahrung eingegangen wird, so ist hier dennoch auf die Form des Nahrungserwerbs einzugehen. Bereits an der Maulgestalt der Fische ist nämlich oft die Art ihrer Nahrung und des Erwerbs derselben zu erkennen. Fische mit oberständigem Maul sind meist Räuber, die ihre Beute an oder unter der Wasseroberfläche überfallartig erbeuten. Fische mit endständigem Maul erwerben ihre Nahrung gewöhnlich im freien Wasser. Und Fische mit unterständigem Maul sind oft an Substrate angepasst und erwerben entsprechend auch ihre Nahrung dort. Außerdem gibt es selbstverständlich auch beim Nahrungserwerb viele spezielle Anpassungen. So sind beispielsweise Fische, die ihre Nahrung durch Sprung von außerhalb des Wassers erbeuten gar nicht selten. Dies muss der Aquarianer wissen, denn gerade diese Fische sind gefährdet, durch einen solchen Sprung das Aquarium zu verlassen und als „Trockenfisch" zu enden. Aquarien, in denen gern springende Fische gepflegt werden, müssen selbstverständlich immer gut abgedeckt sein.
Je nach Art der Nahrung haben die Fische auch entsprechend angepasste Lippen und Zähne. Räuber haben also lange spitze Zähne, während andere Fische, die das Substrat abweiden, eher flache Zähne haben oder viele kleine, die an Schmirgelpapier erinnern.
Die Nahrung der einzelnen Fische ist den jeweiligen Artbeschreibungen zu entnehmen. Für den Aquarianer ist es nicht nur wichtig, zu wissen, womit sich ihre Pfleglinge ernähren, um das Richtige anzubieten, sondern der Nahrungserwerb der Fische ist auch deshalb von Interesse, um abschätzen zu können, ob es sich eher um aggressivere Fische (Räuber) oder eher um friedliche Arten (Planktonfiltrierer oder Pflanzenfresser) handelt.

Aulonocara – Kaiserbuntbarsche

Die so genannten Kaiserbuntbarsche sind sehr angenehme Bewohner eines Malawiseeaquariums. Diese farbenprächtigen Kaiserbuntbarscharten sind relativ friedlich und dürfen deshalb nicht mit großen und lebhaften Cichliden vergesellschaftet werden. Es gibt sowohl eine Gruppe von *Aulonocara*-Cichliden, die über Sandgebieten lebt, als auch eine Gruppe, die Felsenverstecke vorzieht.

Es ist herrlich mit anzusehen, wie die Kaiserbuntbarsche im Aquarium Reviere beziehen und diese verteidigen. Natürlich werden kleine Höhlen und Felsspalten als Standorte bevorzugt. Ein gewisser Sandflächenanteil ist jedoch zu ihrem Wohlbefinden auch im Aquarium notwendig. Unermüdlich suchen sie im Sand nach Futtertieren, die sie sehr gut lokalisieren können. Sobald sie ein solches Futtertier entdeckt haben, beißen sie in den Sand und verschlingen das Futtertier. Dieses typische Fressverhalten lässt sich im Aquarium nur feststellen, falls auch entsprechendes Futter angeboten wird. Im Aquarium nehmen die *Aulonocara* alle Arten von Ersatzfutter an, die für Malawiseecichliden üblich sind.

Die ideale Gruppe für ein Aquarium besteht aus einem Männchen mit zwei bis drei Weibchen. Obwohl die Männchen nicht sehr aggressiv sind, vertreiben sie natürlich andere Männchen der gleichen Art. Untereinander verpaaren sich verschiedene *Aulonocara*-Arten und deshalb ist es ungünstig, verschiedene *Aulonocara*-Arten in einem Aquarium zusammenzuhalten.

Aulonocara baenschi – Farbvariante mit intensiverer Gelb- oder Orangefärbung. Foto: AquaPets Taiwan

Aulonocara baenschi
Foto: M.-P. & C. Piednoir

Aulonocara baenschi
Im Aquarium wird dieser interessant gefärbte Cichlide etwas größer als in der Natur, wo er nur neun Zentimeter Länge erreicht. Wie alle Malawiseecichliden benötigt auch dieser *Aulonocara* sehr gute Wasserqualitäten und deshalb ist ein regelmäßiger Teilwasserwechsel für den Aquarianer Pflicht. Durch seine kräftige Gelbfärbung fällt dieser *Aulonocara* etwas aus dem üblichen Farbmuster heraus. Es existieren Standortvarianten, deren Körperfärbung etwas intensiver ins Orange-Rot übergehen kann.

Aulonocara baenschi-Farbvariante mit intensiverer Gelb- oder Orangefärbung.
Foto: I. Seidel

Aulonocara jacobfreibergi

Ein typischer Vertreter der felsbewohnenden *Aulonocara*-Arten, dem im Aquarium unbedingt Versteckplätze in Felsen angeboten werden müssen. Es gibt zahlreiche Standortvarianten, die sich in der Färbung stark unterscheiden. So sind Standortvarianten in Gelb- aber auch in Rottönen bekannt. Die Männchen verteidigen ihre Reviere im Aquarium sehr intensiv.

Aulonocara jacobfreibergi
Foto: M.-P. & C. Piednoir

In der Natur können in großen Höhlen allerdings mehrere brütende Weibchen zusammenleben. Konings beschreibt in seinem „Atlas der Malawisee-Cichliden" zahlreiche Standortvarianten dieser *Aulonocara*-Art in Wort und Bild.

Aulonocara hansbaenschi

Ein imposant gefärbter Kaiserbuntbarsch, der eine Größe von bis zu 12 cm erreicht. Er liebt einen feinen Sandboden sowie Felsverstecke im Aquarium. Die Männchen zeigen eine intensive Brutfärbung und verteidigen ihr Revier um eine Höhle. Ohne Höhle würden sie sich im Aquarium verloren vorkommen und kümmern.

Aulonocara hansbaenschi-Männchen
Foto: M.-P. & C. Piednoir

Aulonocara kandeense-Männchen
Foto: M.-P. & C. Piednoir

Aulonocara kandeense

Dass dieser tiefblaue Cichlide auch als blauer Orchideen-Kaiserbuntbarsch bezeichnet wird, ist nicht verwunderlich, denn seine Färbung ist wirklich beeindruckend. Er kommt ausschließlich um die Insel Kande vor, die ihm auch den Namen gab. Felshöhlen und Sandboden sind sein Revier und diesem Umstand muss auch im Aquarium Rechnung getragen werden. Die Weibchen laichen in der Höhle des Männchens ab und arttypisch ist auch, dass sie relativ große Gelege aber sehr kleinwüchsige Jungfische hervorbringen. In großen Höhlen laichen mehrere Paare.

Mbuna-Cichliden

Zur Gruppe der Mbuna gehören verschiedene Cichlidengattungen aus dem Malawisee, zum Beispiel die bekannten *Labeotropheus-*, *Melanochromis-* oder die *Pseudotropheus*-Arten. Mit der Bezeichnung Mbuna aus der Sprache der Bewohner um den Malawisee wurden die überall im See häufigen Felscichliden bezeichnet. Mbuna sind typische Aufwuchsfresser, die sich von pflanzlichem Material wie Algenaufwuchs auf den Felsen ernähren. Dieser Algenaufwuchs enthält reichlich Kleinlebewesen, die somit einen erheblichen Anteil an tierischem Nahrungsmaterial bieten. Im Aquarium können Mbuna-Cichliden sehr gut mit einer Futtermischung aus Garnelen und Erbsen gefüttert werden. Im Aquarium neigen Mbuna-Cichliden allerdings zur Verfettung, wenn sie zu oft gefüttert werden. Sie sind nämlich in der Lage, unentwegt zu fressen und erreichen dann auch eine stattliche Größe.

Die Männchen sind revierbildend und es ist deshalb besser, in einem Aquarium nur ein Männchen einer Art einzusetzen. Allerdings werden auch Männchen anderer Arten, die eine ähnliche Brutfärbung zeigen, stark attackiert. Wie meist üblich, können die Männchen zusammen mit drei oder vier Weibchen vergesellschaftet werden. Durch die höhere Anzahl von Weibchen wird verhindert, dass diese ständig vom laichbereiten Männchen verfolgt werden.

Die Weibchen sind maulbrütend und die Zucht von Mbuna-Cichliden ist sehr einfach, was leider den Nachteil hat, dass sich solche Aquarien sehr schnell übervölkern, da doch ein Großteil der Jungfische im Aquarium überleben kann. Wer also Wert auf eine gezielte Zucht legt, der sollte die maulbrütenden Weibchen rechtzeitig herausfangen und die Jungfische in speziellen Aufzuchtaquarien großziehen.

Labeotropheus fuelleborni-Männchen
Foto: M.-P. & C. Piednoir

Weibchen von *Labidochromis* cf. *caeruleus* „Yellow“
Foto: M.-P. & C. Piednoir

Labidochromis caeruleus

Die Art lebt im Felsenbiotop des Malawisees und ist unermüdlich damit beschäftigt, den Aufwuchs auf den Felsen nach Fressbarem abzuweiden. Im Aquarium werden *Artemia*-Krebse sowie alle Sorten von Mückenlarven dankbar angenommen. Es gibt farblich sehr viele Standortvarianten und die Jugendform unterscheidet sich farblich meist ein wenig von der Altersfärbung, denn sie ist etwas blasser.

Die hier gezeigten *Labeotropheus fuelleborni*-Weibchen tragen interessante, unterschiedliche Farbkleider. Unten ein Paar, Männchen vorn. Fotos: G. Schmelzer

Labeotropheus trewavasae

Diese Seecichliden werden im gesamten Malawisee gefunden und leben an den meisten Stellen auch mit *Labeotropheus fuelleborni* zusammen. Die Männchen sind blau gezeichnet, jedoch gibt es zahlreiche geographische Varianten. Sehr gesucht sind Männchen mit roter Rückenflosse, wie sie um Zimbawe Rock vorkommen.

Die Weibchen sind meist gelb-schwarz gesprenkelt und sehen dadurch auch sehr interessant aus. *L. trewavasae* ist ein typischer Algenfresser, der mit seinem Maul Aufwuchs von den Felsen schabt. Im Aquarium erreichen sie eine Größe bis zu 15 cm.

Melanochromis auratus-Weibchen
Foto: M.-P. & C. Piednoir

Melanochromis auratus

Melanochromis auratus kommt hauptsächlich im Südteil des Malawisees vor. Hier handelt es sich um sehr bekannte Aquarienbewohner, die schon seit einigen Jahrzehnten importiert werden und sehr beliebte Aquarienfische wurden. Die Weibchen sind in der Regel schwarzgelb gestreift, während die Männchen ein schwarz-blaues Farbmuster zeigen. Im Aquarium erreichen die Männchen maximal eine Länge von 11 bis 12 cm, während die Weibchen um einige Zentimeter kleiner bleiben. Auch sie sind Aufwuchsfresser und weiden die Felsen ab. Weibchen finden sich im See zu kleineren Schulen zusammen. Auch im Aquarium sollten sie in kleinen Gruppen zusammen gehalten werden. Wie von vielen anderen Cichliden gibt es verschiedene Farb- und Fundortvarianten, deren Status zum Teil unklar ist.

Melanochromis auratus-Männchen Foto: G. Schmelzer

Pseudotropheus elongatus

Von *Pseudotropheus elongatus* gibt es sehr viele Standort- und Farbvarianten im Malawisee. Allerdings wurden die meisten dieser Formen noch nie für die Aquaristik exportiert. Es handelt sich um schöne, schlanke und gut gefärbte Cichliden, die etwa eine Länge von 10 cm erreichen. Auch sie sind Aufwuchsfresser und die territorialen Männchen verjagen Artgenossen, vor allem wenn sie in Brutfärbung sind.

Pseudotropheus elongatus-Männchen Foto: M.-P. & C. Piednoir

oben: *Maylandia lombardoi*-Weibchen
Foto: Y. Tavernier

rechts: *Maylandia lombardoi*-Männchen
Foto: G. Schmelzer

rechte Seite: *Maylandia estherae*-Weibchen

Maylandia lombardoi

Maylandia lombardoi kommt am Nkhomo Reef in der Nähe von Benga und an der Insel Mbenji vor. Dort bewohnen sie die Übergangszone, bevorzugen aber die sedimentreichen Regionen zwischen den Felsen. Der Felsaufwuchs wird verspeist, aber auch Plankton im offenen Wasser dient als Nahrungsquelle. Die balzenden Männchen verteidigen sehr aggressiv ihre Brutreviere gegen andere artgleiche Männchen. Deshalb ist es auch im Aquarium am günstigsten, wenn ein Männchen zusammen mit zwei oder drei Weibchen gehalten wird.

Für den *Pseudotropheus zebra*-Komplex wird hier der Name *Maylandia* (1994) statt *Metriaclima* (1997) benutzt.

Namensänderung:
Für einige Cichliden der Gattung *Pseudotropheus* wurden neue Gattungsnamen vergeben. Die aquaristisch beliebten und bewährten Arten um *Pseudotropheus zebra* wurden in die neu geschaffene Gattung *Metriaclima* gestellt. Außerdem wurden zehn weitere Arten neu beschrieben. Folgende 14 Arten sind betroffen: *P. aurora*, *P. barlowi*, *P. calainos*, *P. elegans*, *P. estherae* (zweimal im Bild), *P. greshakei*, *P. hajomaylandi*, *P. heteropictus*, *P. lanisticola*, *P. livingstonii*, *P. lombardoi*, *P. pursus*, *P. xanstomachus* und *P. zebra*.
Fotos: Dr. J. Schmidt

Pseudotropheus saulosi
Foto: M.-P. & C. Piednoir

Die zehn neuen *Maylandia*-Arten sind:
M. bentos,
M. chrysomallos,
M. cyaneusmarginatus,
M. emmiltos,
M. mbenjii,
M. melabranchion,
M. phaeos,
M. pyrsonotos,
M. sandaracinos
und
M. thapsinogon,
sie wurden ursprünglich als „*Metriaclima*" beschrieben.

Pseudotropheus saulosi

Pseudotropheus saulosi kommt am Taiwan Reef nördlich der Insel Chizumulu vor. Während die Männchen ein blaues Farbkleid tragen, fallen die Weibchen durch ihre intensive Gelbfärbung auf. Die Männchen sind sehr aggressiv, wenn es um die Verteidigung ihres Laichreviers geht. Laichwillige Männchen werden also besser mit mehreren Weibchen in einem Aquarium gepflegt.

Die Fische dürfen nicht mit ähnlich gefärbten Arten vergesellschaftet werden, da sie auf diese ebenso aggressiv wie auf Artgenossen reagieren.

Pseudotropheus cf. elongatus-Männchen
Foto: H.-J. Richter

Tropheops tropheops
Fotos:
Ad Konings

Tropheops tropheops

Tropheops tropheops kommt in verschiedenen Farbvarianten vor, wie hier auf diesen Abbildungen zu sehen ist. Die Brutfärbung der Männchen verändert sich je nach Verbreitungsgebiet, wohingegen die Weibchen meist unscheinbar grau oder gelblich gefärbt sind. Er frisst Substrat von den Felsen, schätzt jedoch auch Plankton als Futter sehr. Selbstverständlich sind auch diese Männchen recht aggressiv bei der Verteidigung ihrer Laichreviere, die in der Natur mehrere Meter auseinanderliegen. Konings beschreibt in seinem „Atlas der Malawisee-Cichliden" zahlreiche Farbvarianten dieses Malawiseecichliden, was eine Bestimmung erleichtert.

Tropheops tropheops, unten ein Teilalbino. Fotos: G. Schmelzer

Parallel zu *Pseudotropheus* (*Maylandia*) wurde im gleichen Heft von TREWAVAS *Pseudotropheus* (*Tropheops*) beschrieben. Daher ist diese Untergattung in Zukunft gleichwertig mit *Maylandia* als Gattung zu führen! Typus ist *Tropheops tropheops*.

Maylandia zebra

Ein alter Bekannter für Malawiseecichlidenfreunde ist *Maylandia zebra*. Auch als Zebracichlide im Fachhandel bekannt. Bereits 1964 wurden die ersten Exemplare in Europa eingeführt und sehr schnell wurde dieser fantastisch gefärbte Fisch mit seinem auffälligen Brutverhalten ein Liebling der Süßwasseraquarianer. Besaßen diese Fische doch schließlich die intensiven Farben, wie sie von Meeresbewohnern bekannt sind. Von den „Zebras" gibt es zahlreiche Farbmorphen im See und die Farbenvielfalt ist wirklich verwirrend. Die Unterscheidung der einzelnen Populationen – die zum Teil in den letzten Jahren eigene Artnamen erhielten – ist für den Aquarianer fast unmöglich. Wie bei den meisten Malawiseecichliden ist das innerartliche Verhältnis aggressiv, zumindest was die Männchen angeht. Es empfiehlt sich also auch hier, diesen Cichliden ein größeres Aquarium anzubieten. In kleineren Aquarien sollte nur ein Männchen mit einigen Weibchen gepflegt werden. Die dominanten Männchen betrachten nämlich schnell das ganze Aquarium als ihr Revier. Auch diese Cichliden leben von Algenaufwuchs der Felsen und deshalb kann ihnen im Aquarium ein spezielles Pflanzenflockenfutter angeboten werden. Auch Blattsalat und Spinat sind neben

Maylandia zebra „Whiteblaze"
Foto: G. Schmelzer

Fischfleisch, Garnelen oder Muscheln angesagt. Im Aquarium dürfen die Zebracichliden nicht überfüttert werden, denn sonst neigen sie zur Verfettung. Die Vermehrung ist sehr einfach, denn die Männchen begatten die Weibchen im Aquarium, wenn diese laichbereit sind, relativ schnell. Dies kann etwa alle zwei bis drei Monate geschehen. Das Männchen führt das Weibchen zum Laichplatz in seinem Revier und dort findet die Befruchtung der Eier statt. Bevorzugt wird hier eine flache Steinplatte, welche auf dem Boden liegt. Die Männchen positionieren sich beim Laichakt im Winkel zum Weibchen und präsentieren ihre Afterflosse. Heftiges Zittern läuft durch den ganzen Körper des Männchens. Die beiden Parter formen dabei das übliche T, was nichts anderes bedeutet, als dass sie im rechten Winkel zueinander stehen. Das Weibchen steht mit seinem Kopf an der Afterflosse des Männchens und wird wie magisch von den Eiflecken auf den Flossen angezogen. Wenn das Weibchen versucht, die Eiflecken ins Maul zu nehmen, dann stößt es gleichzeitig die Eier aus, die es mit dem Maul auffängt. Während des Schnappens nach den Eiflecken auf der Afterflosse des Männchens nimmt das Weibchen den Samen des Männchens auf und somit sind die Eier befruchtet. Nach einer Stunde ist

Pseudotropheus spec. „*acei*“, eine noch nicht beschriebene Art. Foto: Ad Konings

Der echte *Maylandia zebra* – nahezu alle so genannten Farbformen wurden zwischenzeitlich als eigene Arten beschrieben. Foto: M.-P. & C. Piednoir

alles vorüber und das Weibchen zieht sich in eine ruhige Aquarienecke zurück. Es hat jetzt etwa 20 bis 30 Eier im Maul, die es so ausbrütet.

Je nach Wassertemperatur dauert die Entwicklungszeit etwa 18 bis 22 Tage. In dieser Zeit nimmt das Weibchen kaum Nahrung zu sich. Die Jungfische sind im Maul der Mutter sicher und werden als vollständig entwickelte Jungfische ausgespuckt. Lassen Sie sich also von der Farbenvielfalt des altbekannten *Maylandia zebra* faszinieren, und vielleicht fangen Sie ja gerade mit dieser Art Ihr „Abenteuer Malawiseeaquarium“ an.

Maylandia estherae, hier ein Männchen, wurde früher unter den *M.zebra*-Farbformen eingeordnet (Weibchen s. Seite 69. Foto links: Dr. J. Schmidt Foto unten: Y. Tavernier

Namensänderung
Für einige Cichliden der aquaristisch beliebten Gattung *Pseudotropheus* wurde ein neuer Gattungsname vergeben. Für die Arten um *Pseudotropheus elongatus* und einige weitere ist noch kein neuer Gattungsname verfügbar. Der einzige „echte" *Pseudotropheus* (Typus)ist *Pseudotropheus williamsii* (vgl. a. die Mitteilungen auf S. 68-70).

Folgende 14 Arten sind betroffen: *M. aurora, M. barlowi, M. calainos, M. elegans, M. estherae, M. greshakei, M. hajomaylandi, M. heteropictus, M. lanisticola, M. livingstonii, M. lombardoi, M. pursus, M. xanstomachus* und *M. zebra*.

Für diese umbenanneten Arten der Gattung *Pseudotropheus* ist aber ein älterer Name – nämlich *Maylandia* – verfügbar, der demzufolge hier benutzt wird, denn *Metriaclima* ist demnach ein Synonym.

Placidochromis *electra*-Männchen
Foto: AquaPets Taiwan

Gähnendes *Nimbochromis linni*-Männchen
Foto: G. Schmelzer

Placidochromis electra

Dieser Malawiseecichlide wurde früher als *Haplochromis electra* gehandelt, doch ist er jetzt der Gattung *Placidochromis* zugeordnet. Dieser schön blau gefärbte Fisch kommt entlang des Ostufers zwischen Liuli und Mbamba Bay vor.

Die größer werdenden Männchen erreichen eine Länge von bis zu 17 cm. Die Weibchen sind deutlich kleiner und erreichen im Durchschnitt eine Länge von 12 cm.

Nahrung sucht er am liebsten im Sand, den er mit dem Maul regelrecht durchgräbt und siebt. Leider wurde bis heute noch nichts über die Laichaktivität in der Natur berichtet, jedoch verteidigen die Männchen im Aquarium ihr Revier heftig gegen Artgenossen.

Zehn Gebote für gesunde Malawiseecichliden

1. Die Fische vor dem Kauf genau beobachten und auf Krankheitsmerkmale achten. Bei dunkel gefärbten, abgemagerten Fischen oder Flosseneinschmelzungen, Kopflöchern und weißen Kotfäden unbedingt die Finger davon lassen.

2. Neuzugänge mindestens sechs Wochen in Quarantäne beobachten.

3. Keinen Kontakt vom Quarantäneaquarium mit den Zucht- oder Hälterungsaquarien herstellen.

4. Geräte und Fangnetze aus dem Quarantäneaquarium niemals in der Anlage benutzen. Hände und Arme nach dem Hantieren im Quarantäneaquariuum gründlich waschen.

5. Keine Pflanzen ins Aquarium bringen, die aus einem Aquarium mit Fischen stammen. Pflanzen müssen vorher desinfiziert werden.

6. Den Fischen immer sehr gute Lebens- und Wasserbedingungen bieten.

7. Für eine ausgeglichene Ernährung sorgen.

8. Nur absolut gesunde Fische, die entsprechend im Quarantäneaquarium überwacht wurden, in die Zuchtanlage oder das Schauaquarium einbringen.

9. Das Quarantäneaquarium nach jedem Einsatz gründlich desinfizieren.

10. Nehmen Sie sich für Ihre Fische regelmäßig Zeit, um diese zu beobachten, denn dann werden Sie schnell feststellen, ob sich Ihre Fische wohl fühlen oder ob eine Krankheit auszubrechen droht.

Ratgeber für Aquarianer

Aquarienpraxis.

B. Degen, D. Schmidt. 80 S., 100 Abb., geb. ISBN 978-3-933646-45-3.

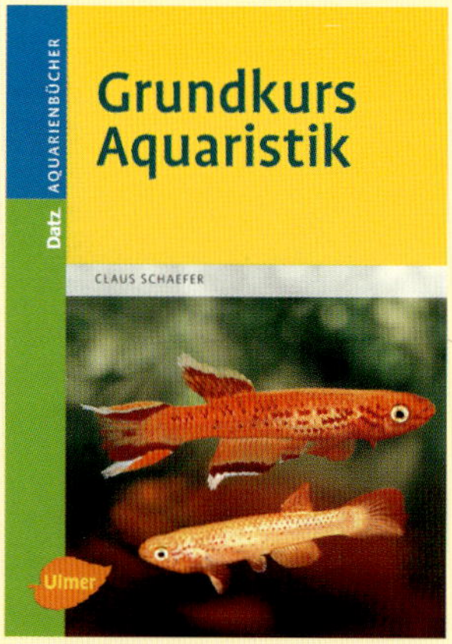

Grundkurs Aquaristik.

C. Schaefer. 3., überarbeitete Aufl. 2007. 95 S., 92 Farbf., 16 Zeich., geb. ISBN 978-3-8001-5461-6.

Perfektes Aquarienwasser.

H. Gonella, H. Hieronimus. 2003. 80 S., 100 Abb., geb. ISBN 978-3-89860-044-6.

Das Aquarium von A - Z.

Tiere – Pflanzen – Technik. C. Schaefer, C. Kasselmann, A. Raschke. 2007. 440 S., 562 Farbf., 22 Strichzeichn., geb. ISBN 978-3-8001-5165-3.

bede bei Ulmer **www.bede-bei-ulmer.de | www.ulmer.de** Ulmer